国外建筑理论译丛

建筑理念
——建筑理论导论

[英] 乔纳森·A·黑尔 著

方 滨　王 涛 译

U0195681

中国建筑工业出版社

著作权合同登记图字：01-2014-4031号

图书在版编目（CIP）数据

建筑理念——建筑理论导论 /（英）黑尔著；方滨，王涛译 .—北京：
中国建筑工业出版社，2014.10
（国外建筑理论译丛）
ISBN 978-7-112-17115-6

Ⅰ.①建…　Ⅱ.①黑…②方…③王…　Ⅲ.①建筑理论　Ⅳ.①TU-0

中国版本图书馆 CIP 数据核字（2014）第 159109 号

Building Ideas: An Introduction to Architectural Theory/Jonathan Hale
Copyright © 2000 Jonathan A.Hale

Chinese Translation Copyright © 2015 China Architecture & Building Press

All rights reserved. Authorized translation from the English language edition published by John Wiley & Sons,
　Ltd. This translation published under license.

没有 John Wiley & Sons, Inc. 的授权，本书的销售是非法的

本书经英国 John Wiley & Sons, Ltd. 出版公司正式授权翻译、出版

责任编辑：徐　纺　董苏华
责任设计：董建平
责任校对：李美娜　陈晶晶

国外建筑理论译丛
建筑理念——建筑理论导论
[英] 乔纳森·A·黑尔　著
方　滨　王　涛　译
*
中国建筑工业出版社出版、发行（北京西郊百万庄）
各地新华书店、建筑书店经销
北京嘉泰利德公司制版
北京中科印刷有限公司印刷
*
开本：787×1092 毫米　1/16　印张：12³/₄　字数：224 千字
2015 年 3 月第一版　2015 年 3 月第一次印刷
定价：48.00 元
ISBN 978-7-112-17115-6
　　　（25774）

目　录

Preface to the Chinese edition (China Architecture & Building Press)

In the years since this book was first published in the UK (by John Wiley & Sons in 2000) it has been positively reviewed and widely adopted as a textbook for courses in architectural theory and criticism. Colleagues as far afield as Australia, New Zealand and the west coast of North America have told me how useful they found it for introducing students to the key philosophical tools for understanding architecture. The book aims to provide a range of theoretical frameworks which can be used to decode and analyze the experience of a building. While suggestions are made about which philosophical approaches might be most relevant to a particular building, I have also tried to make clear that almost any of the philosophies can tell us something important about any individual building. The key thing to remember is that regardless of the architect's original intentions to express a specific idea, it is the visitor's experience that is the real test of the success of the building. It is this approach to architectural theory as a framework for a deeper understanding of architectural experience that makes this book unique in relation to other similar publications— and I hope in this translated edition it continues to prove useful to students, architects and designers in China.

I would to take this opportunity to express my thanks to the publishers, China Architecture & Building Press, for taking on this project, and my deepest gratitude to the translation team, led by Dr. Bin FANG, and to my former student, now collaborator and friend, Mr. Tao WANG.

Jonathan Hale
Nottingham, 2014.

致中国读者

自从本书 2000 年被英国 John Wiley & Sons 出版社第一次出版，颇为欣慰的是：被认可，并被广泛地确认为建筑学习和设计评论的理论入门课程教材。通过澳大利亚、新西兰、北美洲沿西海岸地区等英联邦的大学相关专业的教学过程，许多老师都告诉我，本书是他们引导学生理解哲学的关键工具。本书的目的是希望提供一系列的理论分析框架，用于解读和分析建筑的社会性体验。当针对特殊的建筑进行特定的建筑哲学分析时，我也尝试阐述相关哲学体系对指定建筑个体的一些论点。重要的是必须清晰地铭记，无论建筑师的原初创作意图及所思所想，建筑成果的辉煌与否都只是实际体验者的自身感触。从这个出发点，本书梳理了建筑理论的框架，深入体察建筑理论的来龙去脉，并融入建筑分析的感同身受，也就有别于其他建筑理论出版物。希望本书的中文翻译本能够真正地有助于中国的学生、建筑师和其他设计师。

借此机会，我感谢中国建筑工业出版社对国外建筑理论和中国设计理论与设计实践联系的长久关注与支持，使得本书得以成为我们共同的成果。同时也感谢本书翻译者，以方滨博士为主，和我之前的学生、现在的合作者与朋友王涛先生的支持。

乔纳森·A·黑尔

诺丁汉，2014 年

中文版序

国内现代建筑起步较晚,且迂回曲折,直接影响到建筑理论的研究多是文献的收集整理、国内外设计分析对比和国外理论中国化解读等方面的差强人意上。

实现了的建筑其实是各方面互动后的中间结果,可能是正面或负面,国内的现状是建筑短命,而不能长久存在的建筑如何称得上好?

从国内建筑大发展,重要作品基本都是国外建筑师设计的现象上,就值得反思我们的建筑理论、建筑教育、建筑普及等方面与国外的差距。如果这么好的建筑发展市场,而国内规划建筑管理者决策者只能看见"他山之玉",建筑师只能沦为方案深化和施工图的设计配合人员,建筑理论研究只能"拾人牙慧",就会错过难得一遇的大好时光。

这本书既是建筑理论导读教材,也是建筑理论普及教材,对关心、关注、学习、研究和管理建筑的政府人员、建筑师、设计师、评论家、建筑爱好者都可以起到很好的建筑理论普及作用,毕竟建筑不只是建筑师的工作,任何建筑都需要多方人员的体力与智力投入。

译者的设计实践与设计理论学习也让本书适合诸类层次读者的浏览,对有志于设计的人士,可以通过本书俯观全景,尽快进入角色,创造属于自己的设计作品。

孟建民

全国建筑设计大师
深圳市建筑设计研究总院有限公司总建筑师
2014 年 8 月

译者的话

作为国内建筑设计界的一员，长久以来一直探究国内外设计界的差距缘由。学校和专业杂志对建筑理论的解析研究为什么一直没有出彩？国外建筑理论产生的原因到底是什么？为什么国内的设计市场一直"崇洋媚外"？

本书通过浅显易懂的建筑理论系统梳理，全面而框架性地叙述了现代建筑理论的源远流长、来龙去脉。本书可以是有志成为建筑师和设计师的思想桥梁，联系平常的建筑或设计实践与越来越玄的学术理论研究，最终引导读者自己体会一个最基本的问题"建筑是什么"。本书是很好的建筑理论指南手册，对建筑师和设计师借鉴审视各位设计大师的成果和提高理论水平都有裨益。

通过翻译，译者明显感觉建筑是理论的实践化体现，包含技术革命成果和哲学化的艺术美学表现。而建筑的表现形式终究离不开功能研究与使用尺度，并成为各种哲学、社会、环境、政治等交叉思潮的沟通批判工具，建筑是国家或政府意志、文化背景、思想水平和生活品质的综合体。

感谢乔纳森·A·黑尔（Jonathan A. Hale）先生对本人翻译的信任和他的学生王涛的推荐，这也是我和他们的共同成果。同时方海博士、胡剑虹博士、刘嵩凯博士、王黎主编等对资料查询整理、国外理论观点分析和各类思潮的国内研究进展情况方面有很大的帮助。还要感谢徐纺编辑、董苏华编辑的督促校对审核工作，使得国内学生多一条尽快提高设计理论水平的选择渠道。

方滨

2014 年 5 月

前言　缘起

　　本书最初的来源是因为我有幸于 1996 年秋参与了美国宾夕法尼亚州费城德雷克塞尔（Drexel）大学教学课程。首先感谢 Paul Hirshorn 先生初步提供了一些背景资料，而参与课程的学生也非常投入且感兴趣。课题的全面研究始于宾夕法尼亚大学，在杰出的 Joseph Rykwert 教授（1926 年—，宾夕法尼亚大学建筑历史及当代建筑批判家，退休）、Marco Frascari 教授，（1945—2013 年，意大利建筑师及建筑理论家，博士）、David Leatherbarrow 教授（主要研究建筑现象学）等的指导下，一起梳理了无数的当代建筑争论的丰富背景资料。同时我非常感谢 Thouron 一家的慷慨资金支持，使我能够完成研究生阶段的学业。

　　我也要感谢大学老师的谆谆教诲与鼓励鞭策，特别是 Patrick Hodgkinson（1935 年—，英国建筑师）、Michael Brawne（1925—2003 年，英国建筑师、教育家、作家）、Peter Smithson（1923—2003 年，英国粗野派风格建筑师），没有他们，我不会迸发对建筑理论的热情。Ted Cullinan（1931 年—，英国建筑师）为我提供了建筑设计体验，了解建筑的构造组成及与环境的相生相克。

　　我还需要感谢诸多影响我的理论思维成长历程中和本书写作中帮助者，如 Tim Anstey、Stephanie Baker、Mark Beedle、Tom Coward、David Dernie、Mary AnnDuffy、Terrance Galvin、Bill Hutson、Neil Leach、Christine Macy、Donald Wilsonand，还有我的诺丁汉大学同事。

　　也敬谢 Maggie Toy 和 Wiley 出版社对本书的信心。最后，我必须感谢我的父母和妻子 Jocelyn Dodd 自始至终的不懈支持。

文献说明

　　为了有助于作为课程教材的学习，本书在各章节的结尾都提供了建议深入阅读书目。其中前两部分是"背景介绍书目"和"预习书目"，与各章节哲学思想和建筑示例内容相对应，都是为了说明各章涉及内容的资料来源，属于索引或给有兴趣的学生深入阅读。第三部分是"展读书目"，包含各章节议题涉及部分的各个争议性话题的叙述。引用资料来源通常是建筑理论文献或通常的相关杂志，便于获取，利于理解和研究。

引言 理论的实践

在建筑理论家马可·弗拉斯卡里（Marco Frascari）的著作《建筑怪物》中（在"示例"这个章节里），他是这样描述制图与建筑的关系的：

> 传统观念上，建筑图是对已存在和将要被建的建筑物的图形表述。然而在当前现代与后现代的建筑环境的理解下，这种关系又可被诠释为建筑是超过其自身的建筑图的表达。①

回顾历史，近几十年建筑界的重大事件似乎都在印证着"超建筑的意识"在建筑思潮传播中的重要性。维多利亚时代对希腊多彩的装饰艺术的再发现打破了几个世纪以来对白色建筑的想象，它的历史重要性在于它来自文献资料而不是建筑本身。最近，这类发现造成了几个惊人的转变，尤其是对不断发展的摄影构图方式的冲击。密斯·凡·德·罗（Ludwig Mies van der Rohe）的巴塞罗那德国馆（Barcelona Pavilion）是 20 世纪最具个性和代表性的建筑之一，它是 1929 年为世界博览会而建，第二年连同其他临时建筑一起被拆毁。它被世界所知是因为出现在现代建筑出版物的一组被仔细润色的黑白照片中。除了对这些被复制的照片的理解，几乎所有对这块"试金石"的评论都是由那些从来没有见过这栋建筑的人撰写的。

在美国，外来建筑影响力的传播有着类似的过程。例如，弗兰克·劳埃德·赖特（Frank Lloyd Wright）的一个杰出灵感就是在 1893 年芝加哥世界博览会上看到日本馆凤凰阁（Ho-O-Den Pavilion）后获得的。从 1932 年现代艺术博物馆（MoMA）展出的"国际风格"到 1988 年在同一个展览馆的"解构主义"建筑，他们都在北美建筑界有着巨大的影响力。建筑理念在其他媒体上传播的影响力远远大于建筑的自身体验。建筑理念存在于书籍、电影、展览会或者通常的文化性的辩论中，而非具体化的特定建筑。这并不是说两个领域泾渭分明，只不过"单体建筑物"仅仅是塑造众多的"建

---

① Marco Frascari, *Monsters of Architecture: Anthropomorphism in Architectural Theory*, Rowman and Littlefield, Savage, MD., 1991, p93.

1

筑现象体系"中的一个元素。

丹尼尔·李伯斯金（Daniel Libeskind）的柏林犹太人博物馆就是一个建筑理念先于形象的典型例子。就像通过图纸和照片记录了建造全过程的巴塞罗那德国馆（Barcelona Pavilion）一样，当时的许多出版物刊登了这栋建筑建造的不同阶段，直到完工。这种情况导致"媒体社会"（media society）表面上的短暂觉醒。就像让·鲍德里亚（Jean Baudrillard）的《海湾战争并没有发生》（The Gulf War Did Not Take Place）一文中所暗指的"新闻事件"（News Event）变得比实际的实体更加重要。对这种新流行理念的正面理解就是：媒体新闻也是有效的现实组成部分。同样的，在建筑上这种观念是我们理解幻想和经验"碰撞"的结果。

最近几年有争议的项目越来越多地被刊登在像 AD（Architecture Design）这样的杂志和许多学术期刊上。被冠以 Cbora L Works 之名的彼得·埃森曼（Peter Eisenman）与雅克·德里达（Jacques Derrida）的对话以及李伯斯金在 V & A 项目中的工作文件都显示出这些意识的早期"萌芽"，在循环往复之中新的建筑理念以"宣言"和理论化语句的形式传播。长期以来的建筑理念不断得到阐述深化，加深了建筑的影响力。不同文化探究辩论的交叠开始把建筑思想提高到"文化理论"的领域。在整个理论体系包括人类学、地域心理学、电影和媒体研究的辩论中，建筑存在的话题持续不断地出现，引发了深层的哲学体系自身对建筑理念的思考。

建筑理论家马克·威格利（Mark Wigley）详细地描述了这个关系，建筑隐喻在哲学思维中的角色是既依存又抵触。建立在信任和必然基础上的恢宏建筑理念已经成为许多哲学系统的一部分，同时在当前跨学科研究的大环境里有明显的对建筑哲学思想的偏见。在建筑理论的广义语境下，这种新影响的结果之一是导致"思想"和"行动"之间的关系更加模糊。这已经导致了对"理论实践"的关注，在通向现实的道路上这样的理论实践既有批判性又有建设性。这些不同理论实践的共同特点是把建筑的信条作为一种文化话语的模式。当前的环境下，理论所扮演的角色已经远远地脱离了方法论框架，它的重点也不仅仅是关于如何设计"好"的建筑。用一句古老的格言来说，"社会仅仅获得了它所应得的建筑"。建筑理论的影响力也许在相当大的程度上冲击了整个社会，甚至帮助建立了有更多批判性建筑繁荣发展的社会环境。隐藏在所有这些推理之下的前提是相信建筑不仅仅在表面上提供有用的空间，更重要的是作为一种交流的方式。这种区别产生了对不同理念来源的建筑的"诠释学"需求。这些可以清晰地从本书第一部分得到印证，即使在最近几年这样的关注已经成为许多争论中的主题。

　　整本书的架构反映了我们这个变革的时代从单一到百家争鸣的世界观的诸多特征。而在另外一个（也许从来就没有存在过的）时代，评论的主题可能被占统治地位的"大师格言"束缚，无论在神学上、哲学上，或者是后来的自然科学上，主流教条的影响力现在已经越来越弱。自然科学哲学家甚至开始质疑周围所有的理论，他们所寻求的真理是对世界的另一种诠释，在那种新的理论体系下，世界的存在样样有根有据。法国哲学家让·弗朗索瓦·利奥塔（Jean-Francois Lyotard）在《后现代状况》（the Postmodern Condition）中定义的特征就摧毁了传统的"大师格言"。通过宗教的衰败和对科学知识现状的质疑，利奥塔暗示人类社会的交流已经被打破成许多的"语言游戏"。"游戏"的概念并没有轻佻的含义，其用意在于启发规则和惯例体系可以运用特定的语境诠释现状。

　　本书的第一章阐述了一个诠释建筑的经典两难推论，他们基于对建筑含义理解的两种定义。第一种思考纯粹地认为建筑毋庸置疑是一种仅仅用于提供使用空间的机器。在这样的理想状态下，这种理解方式试图回避其含义中的许多问题，例如建筑就是简单地被"形式基于功能"的法则所支配的设计者的产物。它经常能够揭示更深的概念，例如对"机器美学"的解释说明了如此明显的无确定性的设计过程也仍然遵循着文化的印记。在20世纪的建筑创作中，科学理性的主导模式来自一种特别的基于哲学历史发展的意识形态。第二种思考提出了一个相反的观点，建筑是一种纯粹的艺术。这个观点的重点是认为建筑的表现超越了它的功能。在这样的纯净模式下，设计者作为领导者，通过对环境状况的批判性交流，趋向于一种"自发的"实践。设计师作为一个演员、批判家、社会良知实践者，运用建筑理念表现理论角度和设计角度的所有可能表现模型。建筑的这种"批判性的"和有表现力的哲学背景是关于美学体验的重要的、广泛讨论的一部分。现在贯串整个哲学史的这个主题重新浮现，而且最近还出现在科学界的宿命论和有创造力的艺术家的自由意志的"双重文化"大辩论之中。

　　建筑扮演着一个对信息交流批判的工具和一种新的空间体验的手段，其潜在作用是被看成为感知和诠释社会的一种功能，这也是本书的第二章的主题。基于20世纪三个主要的学术思想的不同诠释方法将在这个部分之中阐述。每一个方法都影响了我们对建筑的理解和认识，每一个方法都以一系列的建筑作品去展示其影响力在建筑设计实践中的痕迹。在本书中某些主题会有交叉，它们多次被用在同一个建筑上，无论是部分设计构想还是仅仅是可能的诠释方法。在这个批判过程中，"创造力"的逐渐模糊是本书议题的一部分，本书所关心的是用不同的方式去思考建筑，无论是对于设计者还是诠释者。

第三章、第四章和第五章提供了几种诠释模式，从主观的到客观的都基于各自的哲学体系。第三章从现象学角度强调第一个特征，集中在个人或物体的感知体验上。为了达到共享同等级的理解和交流，基本的主观经验方面的普遍化困难在第四章和第五章中被提出，这两章更关注其他禁锢我们经验的客观因素，并且都注意到超越个体控制的力量，这些力量影响我们如何感知事物并且最终影响到我们交流的方式。在第四章中介绍了结构主义思考更深的语言结构，第五章研究马克思主义在意识形态中"无形的"影响力。这三个主题提供了理解建筑理念框架的可能性，并最终提出三者的综合是宽泛的建筑理念诠释学的一部分。

为了更好地把本书作为建筑理论问题的介绍工具，我列出一些相关的参考书籍以补充每个主题的内容。希望在随后的建筑理论文集出版中，本书也可以作为建筑理论学习的"路线图"。

Suggestions For Further Reading 建议深入阅读书目

Background 背景介绍书目

Terry Eagleton, *Literary Theory: An Introduction*, University of Minnesota Press, Minneapolis, 1983.

Terry Eagleton，《文学理论入门》，美国明尼苏达大学出版社，1983 年。

Richard Kearney, *Modern Movements in European Philosophy*, Manchester University Press, Manchester, 1986.

Richard Kearney，《现代欧洲哲学思潮》，英国曼彻斯特大学出版社，1986 年。

John Lechte, *Fifty Key Contemporary Thinkers: From Structuralism to Post modernity*, Routledge, London,1994.

John Lechte，《从结构主义到后现代时期的 50 位当代思想家》，伦敦罗德里奇出版社，1994 年。

Foreground 预习书目

Ulrich Conrads (ed.), *Programmes and Manifestoes on 20th Century Architecture*, Lund Humphries, London, 1970.

Ulrich Conrads 编辑,《20 世纪的建筑杰作与宣言》,伦敦 Lund Humphries 出版社,1970 年。

Mark Gelernter, *Sources of Architectural Form: A Critical History of Western Design Theory*, Manchester University Press, Manchester, 1995.

Mark Gelernter,《建筑形态起源:西方设计理论批判史》,英国曼彻斯特大学出版社,1995 年。

K. Michael Hays (ed.), *Architecture Theory Since 1968*, MIT Press, Cambridge, MA, 1998.

K. Michael Hays 编辑,《1968 年以来的建筑理论》,美国马萨诸塞州麻省理工学院出版社,1998 年。

Charles Jencks and Karl Kropf (eds), *Theories and Manifestoes of Contemporary Architecture*, Academy Editions, London, 1997.

Charles Jencks 和 Karl Kropf 编辑,《当代建筑的理论与宣言》,伦敦学院出版社,1997 年。

Neil Leach (ed.), *Rethinking Architecture: A Reader in Cultural Theory*, Routledge, London, 1997.

Neil Leach 编辑,《建筑反思:文化理论的读本》,伦敦罗德里奇出版社,1997 年。

Kate Nesbitt (ed.), *Theorising a New Agenda for Architecture: An Anthology of Architectural Theory 1965-1995*, Princeton Architectural Press, New York, 1996.

Kate Nesbitt 编辑,《建筑理论重构备忘录:1965—1995 年建筑理论选集》,美国纽约普林斯顿建筑出版社,1996 年。

Joan Ockman(ed.), *Architecture Culture 1943-1968: A Documentary Anthology*, RizzoIi, New York, 1993.

Joan Ockman 编辑,《1943—1968 年间的建筑文化文献选集》,纽约 Rizzoli 出版社,1993 年。

Readings 展读书目

K. Michael Hays, "Introduction", in *Architecture Theory Since 1968*, MIT Press, Cambridge, MA, 1998, pp x-xv.

K. Michael Hays,"导言",《1968 年以来的建筑理论》,美国马萨诸塞州麻省理工学院出版社,1998 年,P10-15。

Alberto Perez-Gomez, "Introduction to Architecture and the Crisis of Modern Science", in K. Michael Hays (ed.), *Architecture Theory Since 1968*, MIT Press, Cambridge, MA,1998, pp466-75.

Alberto Perez-Gomez,《建筑与现代科学之间的冲突简述》;K. Michael Hays 编著,《1968 年以来的建筑理论》,美国马萨诸塞州麻省理工学院出版社,1998 年,P466-475。

第一部分

建筑的意义？

第一章　建筑作为机器——技术的革命

1986 年当劳埃德（Lloyds）保险公司的伦敦总部大楼落成时，公众的反映可想而知是困惑的。建筑不是通过传统的古典教堂形象来体现保险企业的恒久与稳固，也没有寄希望于技术上的出彩而进行不必要的冒险，只是选择了用建筑本身体态的机械韵律进行形象的表达。人们不约而同地感觉到：暴露的建筑构造就像石油钻塔的桅杆和平台；闪烁的金属阶梯和水锈外壳堆集得像货柜箱，相互挤夹着向外伸展。建筑上部笼罩在一个小型的军用屋顶起重机延展臂覆盖范围内，这既是为了工程建造工作，也是为了供以后的建筑维护保养使用。当建筑主体变得陈旧的时候，更新可以非常方便及时。尽管从建筑外观难以一窥全貌，建筑师理查德·罗杰斯还是采用最合理的方式表达了他的理念，建筑应该反映其将面对的适应性需求，就像他在《现代建筑观》中所描绘的那样：

> 如果人们能够处理并调整建筑的可变空间，那建筑的使用寿命就会被延长。劳埃德大厦清楚地区分了用以满足人们日常使用的稳定的中心空间和便于更新设备的可变空间。[①]

完成了劳埃德大厦之后，罗杰斯又设计了一些具有相同理念的已建成项目，从尖笃的钢结构玻璃立面的伦敦第四频道总部（1994 年），到满是流线形线条的法国斯特拉斯堡人权法院大楼（1995 年）和法国波尔多法庭（1998 年）。然后他设计了位于柏林市中心的德国汽车巨擘——戴姆勒 & 奔驰新办公楼。罗杰斯的前合伙人诺曼·福斯特（因其对英国建筑的杰出贡献被授予爵士荣誉），这段时期也热衷于设计有内在意义的国际性事务公司办公建筑组合体，其设计的位于香港的汇丰银行总部大楼同样精彩，并且与劳埃德大厦同年完工并呈现了近似的对建筑技术领域的关注内容。从那以后，福斯特还设计了法兰克福的德意志商业银行大楼（1997 年）、香港国际航空港（1998 年）和其后的柏林德国议会大厦整修项目，1999 年落成

---

① Richard Rogers, *Architecture: A Modern View*, Thames and Hudson, London, 1990, p53.

图 1-1　理查德·罗杰斯合伙人事务所，伦敦劳埃德大厦，1978—1986 年（Alistair Gardner 拍摄）

图 1-2　福斯特合伙人事务所，雷诺汽车配送中心，英国斯文登，1980—1982 年（Alistair Gardner
拍摄）

后这里成为统一后德国政府的办公场所。在建筑文化领域，福斯特也取得了巨大成功，如 1991 年伦敦的皇家学院加建工程、1993 年完成的法国尼姆加里艺术馆、1994 年完成的美国内布拉斯加州奥马哈市的乔斯林艺术馆，还有近期的伦敦英国博物馆庭院与阅览室改造工程。

在某种程度上，人们熟知的英国"高技派"传统对当代建筑影响巨大，并用于建筑设计和建筑分析，这不单是因为其理论基础对当今的建筑发展具有广泛渗透，更在于那些以上提及的建筑中清晰显露出来的设计思维。进行这样的分析将会像一场考古学上的"挖掘"活动，通过剔除正在进行的各类建筑试验堆积其上的外衣，直达其最基本的"根基"。

¹⁵ ## 20 世纪的建筑——机械主宰的天下

第一层建筑的外衣是那些把国际性的商业和市政等文化建筑物与作为机器的建筑理念相结合的建筑作品，如 1977 年完工的巴黎蓬皮杜中心。设计师是理查德·罗杰斯和伦佐·皮亚诺，还有工程师特德·哈普尔德，建筑满足了当时设计竞赛的要求，我们现在称之为"媒体中心"，包括美术馆、临时展览馆、图书馆、咖啡厅和一个音乐与声学研究中心。竞赛文件希望不要把建筑表现为巨大的钢铁格栅构架，通过建筑中间悬挂着的升降梯，建筑外骨架和设备外侧是巨大的显示屏，先入为主地界定室外广场的性质。在关于竞赛的报道中建筑师把建筑描绘为"信息交流中心"，与其他城市区域有网络通连，如各大学研究机构、市政厅等。通过聚集性的广场和立面的展示板，建筑表现出公共信息交流性质，而不仅仅是体现自身的独特个性。可动的地板和巨大的延展空间，让整个建筑成为可以高效运转的文化交流设备。

众多的参观者把蓬皮杜中心看作法国首都的一个意义非凡的创新建筑，是浏览巴黎风光的天台，与设计师最初的设计成"中性"文化活动场所的意图相左。公众觉得这个建筑与其说是巴黎城市街道的静态景观，不如说是突兀壮观的外来物。建筑也没有得到建筑和文化评论界的良好共鸣，在稍后的争鸣中观点更加刺激。从某种意义上讲这些冷遇是人们思维观念滞后的结果，事实上这一设计理念并不是原创，英国的建筑电信派在很多年前就已经提出了。从罗杰斯及英国现代建筑四人组（Team 4）（包括理查德·罗杰斯和苏·罗杰斯夫妇、诺曼和温迪·福斯特夫妇）在 20 世纪 60 年代末建立起来的时候起，"建筑电信派"已经进行了一系列的高科技、可扩展开发结构建筑的创新性的探索，这些工作在随后一段时间被各行业建

图 1-3 皮亚诺与罗杰斯，巴黎蓬皮杜中心，1971—1977 年（Alistair Gardner 拍摄）

图 1-4　皮亚诺与罗杰斯，巴黎蓬皮杜中心，1971—1977 年（Jonathan Hale 拍摄）

筑师效仿和了解。其中著名的有：迈克尔·韦伯在 1958 年为家具制造协会总部设计的集束状设备系统和服务塔楼；普莱斯在 1961—1964 年间设计的娱乐宫采用的摒弃细部做法和一个位于薄膜屋顶下的自动扶梯；恰克在 1964 年设计的太空船状塔楼，其顶部中心的起重设备支持调配众多楼宇"容器式"整体功能系统。

这些多样的想法与当时日本的新陈代谢派并行发展，活动时期和追求目标都非常相似，然而后者从事研究背后蕴涵的意识方面的前提假设实际上与前者大相径庭。日本建筑师关注第二次世界大战以来城市中心人口急剧膨胀产生的尖锐问题和从总体上产生的对国家土地利用逐渐增加的压力，因而需要探求塔式居住单元聚积最小家庭单位的可能性，这是其深层逻辑主线。另一方面，英国的项目则含有太多的玩乐意味，只是假设了这样的主题：如群居单位密度对感官的刺激和对 20 世纪 60 年代很主流的自由欢娱生活方式的追求。还是迈克尔·韦伯，设计了一个包含整个团体理念的"钱夹"或叫"可拆卸"装置，设计目的只是营造一个可组合的氛围，个人能够通过有效的技术手段，自行装配完整的环境。这个非常诱人的想法描绘出来一个空间技术新纪元画面，通过有限的细化传统日常生活的需求而忽视建筑的公共基本需求。正如杰出的机械美学拥护者、批评家雷纳·班纳姆 1972 年出版的一本书中所说，建筑电信派是"拙于理论，敏于探索……"。①

班纳姆应该认识到这个新技术理念在实践中所产生的矛盾——许多都是非主观的欠合理矛盾——这也是当时理论界的争论焦点。这位批评家同样关注到另一个公认的高技术领域前辈的作品，自 20 世纪 50 年代以来就为人所知的英国建筑运动派别"新野性主义"。班纳姆 1966 年出版的《新野性主义：伦理抑或审美》一书中注释到：建筑实体混凝土和各类水电设备管线裸露外表下隐含着的欠明确的真实动机，而这些裸露很快就转变为一类风格。这里提到的"风格"在"理性"的现代主义建筑批评家周围很快就成为警铃，特别是对此意图最直言不讳的倡导者——艾莉森和彼得·史密森夫妇而言，显而易见成了"客观需要"的真实体现。

史密森夫妇在 20 世纪 50 年代属于一个由建筑师和艺术家组成的紧密围绕着伦敦的建筑协会和当代艺术研究会的圈子，他们通过一些建成和未实现的项目极大地影响了"建筑电信派"的发展。英国诺福克海边小镇亨斯坦顿里的砖、钢材和玻璃建造的学校（1949—1954 年）、1953 年设菲尔德大学的结构复合体建筑竞赛和 1956 年玻璃钢曲线造型的"未来住宅"，都包含一系列颇具影响的设计理念。建筑表现方式的"粗放"和"材料的本质体现"，繁华都市范围的可变建筑体系和建筑构成系统成为众多建筑设计遵循的基本原则，国际现代建筑协会第十次大会筹备组（Team X）的作品就是如此，其中史密森夫妇总是起到排头兵的作用。英国建筑师詹姆斯·斯特林和美国的路易斯·康在 20 世纪 60 年代多次受邀参与 Team X 的讨论会，也设计出两栋重要建筑，对建筑理论产生巨大冲击并对后来的建筑设计影响深远。斯特林和高恩 1959 年设计的英国莱斯特大学工程大楼和路易斯·康 1957—1964 年完成的宾夕法尼亚大学的理查德实验室大楼都表现出后来"建筑电信派"的功能和结构形态的明朗清晰特性。在康的设计中甚至具象化了"服务空间"和"服务性空间"的差别，这是后来成为高技派设计原则的重要组成部分，在劳埃德大厦设计中演化为临时使用空间和永久存在空间。

史密森夫妇后来写道，他们似乎接受了建筑师必须兼备的内在矛盾特性，既要有工程师的严谨，也应具备艺术家的浪漫。通过建筑理念作为重要的翻译"工具"，设计出可视性空间语言体系。在 1973 年出版的一本题

---

① Quoted in Peter Cook, editor, *Archigram*, Studio Vista, London, 1972, p5.

图 1-5　斯特林和高恩，英国莱斯特大学工程大楼，1959—1963 年（Neil Jackson 拍摄）

为《去除浮华：一种建筑审美观》的书中，他们指出建筑设计创新的必要性，把创新融入设计全过程，而不是简单地运用技术手段直接完成业主的设计命题。

技术的倡导者——巴克明斯特·富勒

　　20 世纪 50 年代，空气中还弥漫着浓浓的即将来临一个科技乌托邦时代的遐想，就像战前的现代主义之梦，当时的快速重建带来了新的期待。战后随之而来的乐观主义情绪在建筑理论与实践的表现也许可以综合展现在美国建筑师、工程师和发明家理查德·巴克明斯特·富勒的作品中。或许他还是唯一拥有微粒子命名的建筑师（富勒烯，一种具有相似构造的碳分子组成的"网格状球体"）。富勒可能是最了解穹隆构造的人，他设计的1967 年加拿大蒙特利尔博览会的美国馆就是基于他发现的网格球体法则，并屹立至今，后来只是改变了原来表面覆盖的树脂玻璃。作为一个不知疲倦的新材料新理论的革新者，富勒有一系列著名作品问世，如 1920—1940年间的"效能最大化"系列盥洗间、汽车和终极住宅，虽然应用寥寥，可却引起理论界的巨大兴趣。在 20 世纪 50 年代的激情岁月里，富勒有一个

图 1-6　斯特林和高恩，英国莱斯特大学工程大楼，1959—1963 年（Neil Jackson 拍摄）

图 1-7　路易斯·康，宾夕法尼亚大学理查德医学实验室，1957—1964 年（Jonathan Hale 拍摄）

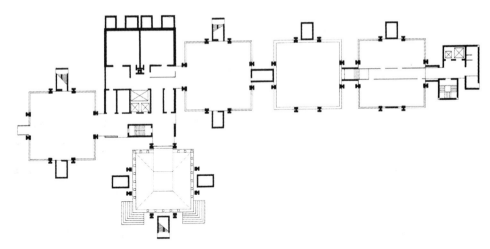

图 1-8　路易斯·康，宾夕法尼亚大学理查德医学实验室，1957—1964 年，一层平面（Jonathan Hale 临摹）

有力的辩护者，就是英国批评家雷纳·班纳姆，他分析出了富勒实践的技术根源并提升到学术思想状态。通过班纳姆的热情称颂，富勒的应用技术推动现代建筑发展思想融入"建筑电信派"理念之中，虽然班纳姆也关注表述新技术革新和战前建筑理论精髓的发展轨迹的延续性，现在这种看法似乎需要重新评价了。

　　根据班纳姆的观点：20 世纪 20 年代到 30 年代的"白色建筑"已经失去了早期现代主义的激情口号——就是勒·柯布西耶从 1923 年起宣称的住宅是"居住的机器"①。而现在，从富勒身上，他看到了真正的机器时代的建筑使命。班纳姆在 1960 年出版的广为人知的《第一机器时代的理论与设计》中，比较了富勒从 20 世纪 20 年代后期开始的"效能最大化"革新和柯布西耶声称的"技术退步"建筑——萨伏伊别墅，两者几乎同时设计和建造，并被绝大多数当时的建筑评论家所熟知，成为现代主义人士努力追求的新建筑经典范例。无论如何，"效能最大化住宅"的生活空间可以循环使用，与核心部位的铝合金住宅骨架机械拼连，对班纳姆而言真实地实现了勒·柯布西耶的"批量住宅生产"理念。对他来说，纯粹的"技术性变换"空间组织和"服务区与服务性空间"的安排具有新设计意识，是高科技建筑传统的两个基本原则。像后来的几何穹顶，只是简单地把"效能最大化"模式置入由重复的模具组件组成的骨架体遮蔽屋盖构架中，富勒的想法是呈现出新材料的有效利用必然趋势。他不看好勒·柯布西耶等建筑

① Le Corbusier, *Towards a New Architecture*, Frederick Etchells, translator, Architectural Press, London, 1946, pp12-13.

19

师的表面文章，认为他们似乎注重细节处理，惑于建筑理性和功能之间的假象，仅仅纵容与实质无关的形式上的处理，形如时尚产业的奇思异想："我们听到许多'由内而外'的设计思路存在于建筑设计专业领域，有时是玩笑，有时是故作清高，偶尔是装模作样，经常性的是可怜的遮蔽场所处理。"[1]

　　轻质、廉价和轻便，"效能最大化住宅"的框架构造外裹面材概念脱胎于同样令人感觉不可思议的汽艇、轮船和早期的飞船，激发了勒·柯布西耶的创新思维，尽管结果有所偏差。事实上富勒热衷于原创的设计而不是批量化生产的可能性，当时他的"效能最大化"灵感创造的"威奇托"房（Wichita）第一次就获得了超过 60000 份订单，并准备投入生产，可是第二次世界大战的阴影使得他不愿让产品进入军品市场。富勒的犹豫可能源于他第一辆"效能最大化"汽车的事故，汽车在 1933 年的芝加哥博览会入口车祸中被毁。他的原创理念来自先进的空气动力学和后轮驱动想法——高速时不与地面有效接触则效率提高——直接从飞机机身形状得到灵感，从

图 1-9　墨菲和麦基，美国圣路易斯网格构架穹隆气象馆，1960 年〔Neil Jackson 拍摄〕

---

① R. Buckminster Fuller, *Nine Chains to the Moon*, Southern Illinois University Press, Carbondale, 1938 & 1963, p9.

一张富勒后期的著名照片上可以看出，他对停在飞机场的自己作品边的海岸警卫队两栖飞机① 很感兴趣。据说富勒有个夸大的想法，想利用全部最先进的科学技术发展成果，甚至有些不是很需要或特别适当的，汇集运用到他的效能最大化工程中，这是他在1983年的想法，那年他去世了。

> 自从我计划发展一个高科技的居住机器，使得它能够从空中运往任何偏僻的美丽乡村景点，哪怕可能没有车道通达或飞机的着陆点。我决定尝试开发一种全天候运输设备，能够在空中、复杂地形或水下完成这项任务，安全地完成，哪怕需要放在秃鹰背上。②

可以说，富勒觉得对第一机器时代的诗人和浪漫主义者，那些意大利的未来主义者心存愧疚。他显而易见在用新科技实现着他们的各种想象。1914年的未来派宣言清楚地表明，还是有些想法背离现在的高科技理论：

> 我们必须创造和重建属于未来的城堡：它必须像一个巨大的、热闹的、真实的、高尚的场所，充满动感；未来的住宅必须像一个大机器。升降电梯必须单独隐蔽设计成蠕虫状的电梯井；楼梯将无所事事，必须设计在建筑边缘，而电梯必须像钢铁和玻璃做成的蛇一样攀爬在住宅前面。③

与富勒的盲目而坚定地运用新技术于建筑相对照的是勒·柯布西耶，从另一方面，他非常明白在"生硬的"机器庇护所和一个社会需要舒心的共享文化发展成果之间，在历史演变不确定情况下的需求调和。后者在其开放式宣言《走向新建筑》中赞美了伟大的轮船、飞机和汽车，又用同样篇幅探讨了建筑史中的古希腊、古罗马和意大利的文艺复兴。在其中"工程美学"部分，他开始声称一个工程师应该"……积极而有益的，均衡而快乐地工作"。他们会很快地垄断建筑的全过程，因为："我们不再有竖立纪念碑的金钱。同时我们还必须清洗过去的淤积尘埃。我们的工程师提供

---

① Reproduced in Martin Pawley, *Buckminster Fuller*, Trefoil Publications, London, 1990, p81.

② Quoted in Martin Pawley, *Buckminster Fuller*, Trefoil Publications, London, 1990, p57.

③ Sant Elia/Marinetti, "Futurist Architecture", in Ulrich Conrads, editor, *Programmes and Manifestoes on 20th Century Architecture*, Lund Humphries, London, 1970, p36.

图1-10　荷兰建筑师布林克曼与凡·德·洛特，凡·尼尔工厂，鹿特丹，1927—1929年（Neil Jackson 拍摄）

图1-11　荷兰建筑师布林克曼与凡·德·洛特，凡·尼尔工厂，鹿特丹，1927—1929年（Neil Jackson 拍摄）

图 1-12 勒·柯布西耶，萨伏伊别墅，1929—1931 年（Alistair Gardner 拍摄）

了这些服务，他们将成为建设者。"①

同时他也渴望作出独特的贡献：指出建筑师必须努力解决的是设计程序问题，就是恢复被"学院派"传统蒙蔽的，由于风格上的偏见所造成的抽象的形式上的原则。而雷纳·班纳姆适时地谴责了这个原则在早期现代主义运动发展时，在对待机器时代建筑的正面引导过程中的明显失误，这个原则曾在法国的高等美术学院教育体制中产生了值得称道的影响。

这成为勒·柯布西耶的颇具影响力的著作的主要标题，特别是在早期，而他的萨伏伊别墅使主题更加鲜明。通过设计这个建筑，看起来只采用新材料，同时只是外观像一个现代的海岸线边的建筑，还不具备严格的轮船的功能或技术的复杂性，根据班纳姆的说法，柯布西耶沦落到重新拾回传统建筑语言的隐喻和暗示，这些早就被像富勒这样的工程师出身的设计师抛在脑后了。班纳姆并没有清晰地理顺他对战前建筑师建筑作品的评价语言，早期的现代主义运动要分成两个相异的发展路线，区别明显，一个是技术的发展路线，一个是艺术的不断提升。班纳姆发觉了后者对前者的误导，他声称："……20 世纪 20 年代理论家和设计师的退步，减低的不仅仅

① Le Corbusier, *Towards a New Architecture*, Architectural Press, London, 1946, pp18–19.

是他们的历史地位,还有他们在理论界的位置。"[1] 柯布西耶表达了不同的观点,前者没有后者的支持将毫无意义,前者也是建筑对社会发展的最大责任。在他书中的"工程美学"章节他写道:

> 最后,经过了那么多的仓储、厂房、机械和摩天楼的设计实践,我们很高兴说到建筑:建筑是一种艺术、是一种情感的表征,流露于建筑构造的外形又远超其形象所能表达。建筑构造的目的是集各类相关事物于一体;建造是为了成为动感建筑。[2]

现代主义源流中的艺术和技术

班纳姆与现代主义有过极端的争辩,以技术为灵感来源的未来主义者视前方为"黄金时代";而学院派则以历史为灵感基础,过去始终是他们的黄金年代,柯布西耶最后表达了各种选择的可能性。他的立场依赖两部分思想的细微平衡:一个是对"机械建筑"的精确理解,其基础是不可避免的新技术发展;还有具适当象征意味的"机器时代的建筑",这需要将时代的灵感注入个人创新活力,再考虑个人成长过程中形成的知识架构,加上对科学和技术知识的了解。还要包含当时环境下的绘画、文学和音乐的发展状况。以上都对理解 20 世纪早期年代建筑产生了深远影响。这是一种建筑应该介入的文化现象,如同他在以上文章注释中的表述。他也承认过去的绘画经验让他受益匪浅,如立体派画家的绘画技巧,毕加索和布拉克对空间物体的透视研究,还有爱因斯坦的相对论。

当初在北美介绍欧洲现代主义建筑的发展影响时,那里的现代主义建筑师会自然而然出现相似的迷惑。这种情况出现在亨利·拉塞尔·希契科克和建筑师菲利普·约翰逊 1932 年在纽约现代艺术博物馆组织的"国际风格:1922 年以来的建筑"展览上。可以想象,建筑根本不是"科学模式"生产的产品,而是根据功能和技术需要的剪裁,最后出现的新建筑更多的是个别"艺术家"创新的单件产品而不是简单的建筑实体。现代主义理念的冲突在包豪斯的教学过程中非常明显,学校打算在德国建立新型的教育模式,与巴黎高等美术学院的古典教学体制对抗,以技术应用为基础代替传统的历史教育为基础的教学模式。沃尔特·格罗皮乌斯从 1919 年初开始

[1] Reyner Banham, *Theory and Design in the First Machine Age*, Architectural Press, London, 1960, p327.

[2] Le Corbusier, *Towards a New Architecture*, Architectural Press, London, 1946, p23.

领导这个新型的学校，直到 1928 年。他尝试着进行工业设计与创新理念实践的结合，通过建筑、艺术和雕刻等方面的同时教育，进行手工艺产品生产技术的学习。不幸的是，持"工艺品"观点和"艺术品"观点的派系之争被带入了教学中，这就意味着学校只是缓慢地走向其既定的"标准化创新型全系列实用性日用品的制作……"①

对批量产品标准化生产销售的强调已经导致了其与早期格罗皮乌斯从属派系的裂痕，那是第一次世界大战前发起成立的德意志制造联盟，格罗皮乌斯为其设计过 1914 年的科隆展览会德国展厅。科隆展览会举办期间理念不同的两派掌旗人物曾在会议中争执明显，一方是自由形态设计理念的艺术家，另一方为工业产品决定论持有者。当时被德国政府派驻英国研究乡村建筑的赫尔曼·穆特休斯整理归纳出十条制造联盟的章程，主要焦点集中在设计的标准化要求。如：

> 建筑业和制造联盟的活跃领域，都迫切要求设计的标准化，也只有标准化的普遍实施，才能在和谐文明氛围中产生特征明显的重要意义。

在第二部分他想声明，标准化也是美学意识进步的一个关键步骤，因为它能够"……自行发展，具有广泛的可行性和有效性，能历久不衰。"②作为这段阐述的说明，同样是魏玛应用艺术学校的领导（即包豪斯学校前身）的亨利·凡·德·威尔德，提出了不同的观点，虽然他也是现代主义原则的坚定支持者，同样赞同"材料的真实性"和建筑构造的"可信性"。

> 只要制造联盟中仍有艺术家存在，他们的影响就不会湮灭，他们会反对任何订立教规和标准化的企图。他们本质上就是激情迸发的理想主义者，崇尚自然的创新者。他们的自由意识使得他们难以遵从任何强加其上的风格和陈规。③

---

① Walter Gropius, "Principles of Bauhaus Production", in Ulrich Conrads, editor, *Programmes and Manifestoes on 20th Century Architecture*, Lund Humphries, London, 1970, p96.

② Muthesius/Van de Velde, "Werkbund These and Antitheses" in Ulrich Conrads, editor, *Programmes and Manifestoes on 20th Century Architecture*, Lund Humphries, London, 1970, p28.

③ Muthesius/Van de Velde, "Werkbund These and Antitheses" in Ulrich Conrads, editor, *Programmes and Manifestoes on 20th Century Architecture*, Lund Humphries, London, 1970, p29.

最后一个需要探究的层面是"建筑即机器",通过与最近建筑发展的类比,找出自由意识与决定论的冲突内涵,揭示各自理念来源及文化发展达到的历史顶峰。人们意识到风格已经被功能取代,个性表现失去了在当代文化运动中的地位,这种想法最强烈的表达也许是在阿道夫·路斯1908年的短文《装饰与罪恶》中。在一段关于装饰与堕落的关系的讨论之后,他主张纹饰和涂鸦都是罪恶的表示符号,他继续提出如何真实地指明文化的先进性和复杂性就是朴素的悠然自得和未装饰的建筑外表。物质实体应该避免历史风格的诱饵,避免无意义的修饰,这才是他认为的文化历史发展的一个浓缩性结论:

> 一个国家的文化发展水平能够通过其国内卫生间墙面的涂饰作为附加的评判标准。对于儿童,这是自然表现的场所:他的最初的艺术萌芽就是在墙面涂画各种奇怪的符号。但是对巴布亚人(西南太平洋诸岛)和儿童很自然的涂鸦在现代成人世界里确是幼稚的表现。我已经发现并公诸于众我的成果:文明的演化就如同从物体身上剥离功利主义外衣。[1]

当路斯自己设计的建筑钟情于大理石等传统砖石材料的窠臼时,下一代建筑师们正尝试用混凝土、玻璃和钢铁创造一个真实的通用的功能主义和功利主义建筑形式。

这些理念之所以在后来的建筑发展中历久不衰,就是因为与哲学的革新思路密切相关,并且自工业化兴起之前就是如此。追溯自16、17世纪的欧洲,哲学界就接受了宇宙运行如同机器运作的理念,并刺激了实验科学实践的极大兴趣。正是因为这些丰富的"科学化"哲学思想和探索精神,与历史能作为一个机械化发展进程的理念一起,支撑起了建筑的机械年代的兴起。这些理念最终消化了新科技,铺平了通往建筑应用之路,解决了一些19世纪技术革新带来的"冲突",被认为是理解诸多最近建筑发展动态的基础。

34 机械化论的领域——维萨留斯、哥白尼和培根

主导20世纪建筑机械论模式的两个哲学来源所关心的是,现代社会出

[1] Adolf Loos, "Ornament and Crime", in Ulrich Conrads, editor, *Programmes and Manifestoes on 20th Century Architecture*, Lund Humphries, London, 1970, p19–20.

现以前的传统中存在的两个最大的神秘世界：空间和宗教。也许自从人类意识出现，物质世界及其中的物质实体的空间构造就是一个难解谜团，颇费遐想。许多神秘主义和宗教的思想家尝试阐述已存在事物的缘由和存在形式，解释事物的发展规律。出于同样原因，一些富有创新理念的思想家也在思考为什么有些事物随时间变化而改变，而其他却似乎没有变化。进而，随后的科学家和哲学家继续尝试全面回答这些棘手而又非常基本的问题。他们采用了与机械系统同样的模型，首先认定物质世界及其内含物体是机械化运作，然后假定历史的发展轨迹遵循一个机械规律，直接朝向一个目标进化。

第一批持有这种现代观点的两个伟大标志产生于 1543 年，有两个人，各自完全独立地创立了旷世巨论。第一个是意大利（波兰）天文学家哥白尼的巨著《天体运行论》，书中把太阳而不是地球作为宇宙的中心，开始颠覆了人们对天文学的理解。另一个鸿篇巨制是在一个完全不同的领域探索发现，不是探索天体，而是探求人体"内部"的构造，关注人体生理构造和人体的解剖学体系。《人体构造》是安德烈亚斯·维萨留斯（Andreas Vesalius）的著作，这位来自佛兰德（Flemish）的医生和解剖学家不相信传统医学对身体构造的解释，因为那些都是对动物进行解剖得出的论断。出于对传统医学忽视基本的身体实际状况的不满，如同哥白尼的所作所为，维萨留斯坚持搜集他自己的实践证据，抛弃了所有前人对人体的迷信和臆想出来的观念。

维萨留斯著作中最令人震惊的表述是他观察出人体由不同系统组合而成，各自呈机械和系统化方式运行。如皮肤和肌肉几乎是攀附于身体外表，而器官和骨骼的运作各自独立，功能各不相同。尽管得到用于解剖的尸体非常困难，他影响深远的革新思维还是导致了当时教会的强烈反对。同样的反对也出现在几十年后的"异端分子"伽利略的新试验上，当时他坚持了哥白尼的新宇宙原则，而且通过他最新购买的天文望远镜确定了这点。

人体作为系统可以被划归成不同的部分，各个活生生的部分被"组配"一起运作的理念不久就归类于机械分析体系。当 1628 年威廉·哈维发表他的关于人体通过心脏泵室运作原理进行血液循环的结论后，人体如同机械装置的理念开始根植于哲学基本概念中。英国哲学家和枢密院顾问弗朗西斯·培根制定了非常正式的术语，试图使其能够用于严格而系统化的基本实验科学中。在《新工具》（1620 年，"新工具或关注解释自然现象的真实性说明"）一书中，他明确了科学探索步骤，并使之成为现代科学发展的基础。培根对人类思维的发展非常灰心，对他而言，崇敬历史先贤的智慧阻碍了科学思想的进步。他希望有新的科学观测方式，通过定义简单的元素，求得更多抽象的思维原则。他描述这种工作方式为思维的"工具"，从特殊性到普遍性，就像人们工作时使用的工具。他十分清楚地认识到知识和控制力之间的关系，觉得神秘的自然将会在他的科学工作方式面前屈服。正如在他的著作前言中所说，他想"……控制而不是寻求与自然争辩的机会，自然界一直自我运行：去探询，简言之，不是附庸风雅和大致的主观猜测，而是明确和实证性的知识……"①

培根的理念产生的直接效果是其不久之后作为公认的科学研究和领导方法，1660 年，伦敦成立了一个团体叫皇家协会。协会的主旨是支持个人通过一系列的试验活动追求新知识，许多名人，包括罗伯特·胡克和艾萨克·牛顿，都跻身于这一科学活动的前列之中。克里斯多弗·雷恩爵士是协会的一个奠基者和领导者，胡克还亲自设计了几栋建筑，这些都清楚地表明早期建筑的"专业性"发展与现代科学的萌芽密不可分。甚至弗朗西斯·培根的随笔《论建筑》也清楚地表明了建筑与科学发展的交互影响。实用性研究的目的是追求新知识而不仅仅是满足于新发现出现的欢愉时刻。他把这种思路拓展到对建筑的思考，于是出现了我们熟悉的总结："住宅是人们用来生活的建筑，不是观赏品；舒适实用为首选，两者若可兼得，何乐而不为。"②

机械化论者的意识——勒内·笛卡儿

36

当培根在英国的科学发展进程中熠熠生辉时，勒内·笛卡儿在法国也成果斐然，1637 年的《方法论》和 1641 年的《沉思集》起到了类似的观念革新的作用。虽然他不像培根是一个"亲自动手的"实践参与者，笛卡儿只是发表了一些关于光学、几何学和气象学的理论合集，可是其中的哲学原则为他带来了广泛的声誉，奠定了他在思想史上的地位。他的方法论思想的完整标题和清晰概要，就是他用通俗法语而不是当时流行的拉丁语表达的意思，可以称为"论关于正确指导理性和在科学中寻找真理的方法"。和培根一样，他意图提供思考的"工具"，帮助探求了解一个更为清晰的世界，能迥异于传统的理解和普遍的约定俗成。这个方法超越主体和

---

① Francis Bacon, *Novum Organum*, Open Court, Chicago, 1994, p40.

② Francis Bacon, *Essays*, J. M. Dent, London, 1994, p114.

感性经验的"繁杂"，力求避免判断力的"幻想"成分，显现隐藏在单纯外表下的真实。他的方法是先假设性咨询，然后从一个基本的实际情况推想全部的知识：

> 这样，鉴于我们的感官有时殊不可靠，我准备假设大千世界给我们感官的印象都与其实际不符……但我不久即发觉，虽然我臆想万事皆虚，然而持有此种想法的我，却需要明确自己也以某种实体形式存在。因此我论定"我思故我在"这一真理是如此的真切和显而易见，纵然怀疑论者持坚决的否定态度也无法动摇这个信念，所以我决定毫不迟疑地接纳它，作为我孜孜以求的哲学方向上的第一原理。①

"感觉"实体为笛卡儿提供了一个感知完整的新知识体系的出发点，清晰地区分出从未知的外界环境推理出的思想意识。人类意识在新知识体系中被重新分类，就像操作轮船航行的领航员，其结果减轻了对人体是机器化运作的理念的认知。虽然笛卡儿声明，只有动物是实际意义上的机器，因为它们缺乏任何意识性思维和自由思考的意愿，人体即使出于纯粹本能的行为，也能够体现机械运转方式：

> 当一个人无法伸展他的手臂……他的无助绝非其理性的想法，仅仅是因为身体的触觉难以得到大脑的驱使指令，使得动物行为进入神经系统成为这个动机行为的需求……似乎这确实是一个机械的运转方式。②

这个身体的"机器"运作模式被笛卡儿加以简化演绎，应用为对宇宙万物的解释。他的机械理论提出，所有自然现象都能够解释为"几何体"运动，而这个物体，根据他的定义是："可以进行多样的分割，形态上的或运动方式上的"③。由于伽利略受到教廷宗教裁判所的审讯，笛卡儿推迟了其天文学著作的发表，大致经过了一个多世纪，"笛卡儿二元性"的完全寓意在几乎

---

① Rene Descartes, *Discourse on Method*, Bobbs-Merrill, New York, 1956, pp20–21.
② Rene Descartes, *The Philosophical Works of Descartes*, Elizabeth S. Haldane & G. R. T. Ross, translators, Cambridge University Press, Cambridge, 1967, v2, p104.
③ quoted in: Anthony Kenny, *Descartes: A Study of his Philosophy*, Thoemmes Press, Bristol, 1997, p203.

所有显而易见的领域才逐渐明朗。1745年和1747年法国出版了两部对以上观点进行论述的书，第一部叫《人是机器》，第二部是《人是植物》，作者拉美特利，由于担心激怒教廷，早期版本是匿名发表的。

同样的理念交叠也发生在英国处于同样地位的皇家协会，如同笛卡儿哲学在法国引发的新的严谨科学研究和不断发展的建筑专业化趋势之间的磨合。法国的相关研究协会成立于1635年，1666年已经扩大到科学领域。克洛德·佩罗是后期的主要成员，医师和经验丰富的解剖学家，如同罗伯特·胡克一样热衷实践工作，从事过许多建筑实践，包括1680年完成的卢浮宫东立面建造。他最值得纪念的工作是在建筑理论方面，质疑那些自从公元前1世纪维特鲁威制定后就被认为神定的和神圣不可冒犯的传统建筑尺度标准。他认为人体的尺度应该是神圣的匀称比例，就像音乐中的乐阶，确保了和谐性，建筑就是要保证与环境"合拍"。这个描述神秘的和谐因素的尺度理念在文艺复兴时期开始复活，不过远没有规范化，矛盾日益凸显，佩罗不想假手他人。在他1683年发表的《古典建筑的柱式规制》*一书中，他试图设定一个一致的尺度系统，平衡各柱式之间的比较标准。这样不用假设比例是绝对的，它们的形式式样也非与生俱来，他推断，所有问题都是传统习惯使然，并经过多年承袭，没有任何神定标准之说。这样的从神圣理念到"约定俗成"的思想转变延续了笛卡儿的思维革命。把数学从纯理论研究转到工程应用研究，并提供了思维创新以外的"工具"。

在其后的一个世纪，思想理念从这个空间描述和自然现象机械解释的技术平台，进入了一个思维迸发的新"科学时代"。如同米歇尔·福柯（Michel Foucault，1926—1984年，法国哲学家、历史学家、社会评论家——译者注）在他的《万物的秩序》里的描写，18世纪经历了一个探索和分类学扩展过程，在漫漫长路之后终于完成了弗朗西斯·培根的伟大预见。

40 思想史进程中的机械论——从维柯到黑格尔和维奥莱－勒－迪克

具有讽刺意味的是，"科学"思想发展史上第一个反对笛卡儿理性主义的思想家，是那不勒斯的哲学家詹巴蒂斯塔·维柯。他在1725年到1730年间发表了《关于各民族共同性的新科学的一些原则》，其目的是建立一个"诗性智慧"价值观，书中第二部分的主要内容肯定了社会发展遵循的

---

* 中文版由中国建筑工业出版社于2010年出版。——编者注

模式。指出人的基本行为，不是自然行为，是建立文化体系并能够用理想化的方式去理解它，还能够在历史变迁的一个文化复合体中演化它，从生到死，最终在重生的世界的伟大文明社会中延续。这一理念构架几乎通过一个世纪才规则化，同时，也建立了针对笛卡儿自我意识思想第一原则的历史推论。通过分析笛卡儿对特定历史目标的寻求，G·W·F·黑格尔在他的《精神现象学》一书中，把理性思维置于历史研究之上，借助哲学的帮助达到自我认知阶段。"精神"的概念（或在有些地方叫"思想"）是一种力量，如同一个"创造者"，利用环境作为工具最终认识哲学中表达的客体。根据黑格尔的说法，精神的客体能够"知道思想意识本身"，如同一个自行的、推理的本能，即了解自身的能力。这种意识在历史发展进程中已经成功体现，哲学的洞察力逐步成熟，从混沌开始通向黑格尔思想体系的终点。他设定了历史进程中思想领域的进展阶段，人们在这些奋争中表现自我，并最后"认识自我"，如维柯，他运用轮回形式解释文明发展进程。黑格尔还设立了非常抽象，即著名的，理论上的对立与统一关系的辩证模型，来说明精神发展中的自我感知在社会发展不同阶段的反应变化。这种考虑和描绘哲学思想历史研究模式产生了一种哲学意义上的历史概念。在后期著作里，他特意列出了这个关于历史的主题，还提出了几个也非常重要的概念。

　　除了其早期哲学思想里的"时代精神"观点的影响外，在《精神现象学》中，他也提出了宗教及其关键作用在建筑与艺术上的发展。在思想意识逐渐通往自我意识的过程中，宗教是一个中间阶段，在个人盲目为生存而战的阶段之后觉醒，在哲学和科学的"绝对"知识之前形成。这个阶段又分为三个步骤，开始于"自然宗教"和环境特征的崇拜，如山岳、树木、特定植物。第二阶段是"艺术化宗教"，是宗教发展阶段，社会阶层如古希腊形象化了他们的神灵，通过建筑和宗教仪式记述他们的宗教理念。第三阶段宗教超越其实体世界，进入意念的升华，并融入艺术作品之中。当思想能够通过非常抽象的方式表达自己的内涵，宗教就可以被确信为存在于各类启示录或神的"语录"之中。在很长一段时间里，科学和哲学共同参与，黑格尔提及的精神内涵体系相对"显而易见"。自从抽象思维的工具占据了这个角色，理解精神内容就不需要形象化的叙述。显然，在这个系统里，艺术的重要性在减退，因为黑格尔声称艺术现在已与人类进步历程无关。他能以"唯心主义"观点区分艺术作品的形态和其内涵，或其理念，而后分隔出各自通过媒介表现的特征。这是美学领域的一个坚固磐石，在第二章还会细述，不过在这里的表述同样重要。黑格尔思想体系构架的这种分隔方式在艺术史分类中通过其不同形态得到应用。18世纪20年代在柏林进行的关于美学的系列讲座中，黑格尔提出了一种等级序列的艺术发展模式。从建筑和雕刻这两个最"物质的"媒体开始，演化演绎出许多绘画、音乐和诗歌等方面的抽象形式。这样最后就摆脱了对感官刺激的依赖，能够表现最复杂的理念，而在最初能够发现非常基本而初始化的内容和只适合非常原始文化的思想内涵。

如果用黑格尔冷漠的理性思想解释世界的一切，诗歌艺术会让位给科学思维的发展之路。如果引喻和暗示替代为明确的事实，历史进程的记述将很简洁明了。他的思想体系指出现存建筑是表现悠远过去的精神领域，而紧随其后的艺术发展史对现状负责。建筑的特殊性使得其产生两个方向的不同作用形式，一种以工程技术为目的，一种以考量艺术为趋向。在建筑师向工程师的发展演变中有个关键人物是尤金-埃曼纽尔·维奥莱-勒-迪克（Viollet-le-Duc），他在1860年前后的著作继承了黑格尔的理念奠定了建筑作为工程体系的基石。当时代局限和风格形式之争最后形成的折中主义运动威胁到黑格尔的坚定判断时，勒-迪克尽心竭力地坚持建筑的工程技术发展方向的重要意义，而不仅仅是一种表现形式。19世纪黑格尔的时代论导致了历史主义风格复兴，其后的理论混淆刺激了勒-迪克去寻求"永恒的"美学原则，能够不受各种符号形象和风格内涵干扰，在其《分类字典》的"建筑"词目中，他写道（如同勒·柯布西耶对"工程美学"的描述）：

> 后期的罗马式风格建筑师不是幻想家，他们是在经过无数的尝试之后才放弃了半圆形拱顶建筑，他们没有猜疑那个曲线顶的神秘含义，也不知道尖顶建筑是否就比半圆形顶建筑更体现对宗教的虔诚；他们只是建造一个比白日梦困难很多的建筑。[1]

和当时其他作者一样，他描绘了一个"通用的建筑历史"，从建筑起源时期"远古的草屋"开始，不过黑格尔感兴趣的是建筑的内涵，而勒-迪克只是单纯地关注建造技术。在强调功能和经济性的同时，所有的历史建筑表现出一种理性——甚至古希腊"建筑装饰"也显示出其构造用处。在

---

[1] Viollet-le-Duc, *Rational Building*, George Martin Huss, translator, MacMillan, New York, 1895, p42.

《讲演集》中，他遵循了黑格尔的分类法则；在其《分类字典》里，他采用了一种非常"解剖学的"方式——把他的分析对象按照字母顺序分别研究探讨，他认为这样更易于研究各个部分：

> ……因为这种形式强迫我分门别类的描述各功能形态部分，如果可以如此描述的话，就可以解释曾经存在过的各分类的使用方式和变化形态。[1]

通过对建筑史的探求，他发现了一条关于对居住状况满意需求的基本原则，证实了他对建筑科技水平的关注，加重了他对历史建筑的关注程度。他觉得这些原则应该也在他所处的时代进行应用，加入当时的新材料和技术成果。这又是工程技术成就为他带来的激情，如同他在其《讲演集》中的描述：

> 火车机车组的功能构造要求使得它不能参照马车的设计思路。我们应该多思考一下，为什么艺术的表现形式可以多种多样，就像人类的思维，我们总是能够为自己搭配新的衣服……我们可以就此理论讨论再三；说真话，我们还是应该适应时代带给我们的一切，不要太在意失去活力的传统东西的阻碍……[2]

这个在理性原则基础上的建筑"复兴"，是笛卡儿励志探求开辟的新科学思路的一部分，回应黑格尔预言的建筑作为艺术处理思路的终结，还促使工程师现在稳步担当其在建筑发展中的重要角色。以上所述只是对黑格尔预言挑战的部分回应，传统思维的其他回应在后面章节继续叙述。这里提出了对建筑多角度的思考方式，不同哲学思想体系在社会生活中有不同的富有内涵的显现标识，而对意识形态的质疑就推动了工程技术的向前发展。

---

[1] Viollet-le-Duc, *The Foundations of Architecture*, Barry Bergdoll & Kenneth D. Whitehead, translators, George Braziller, New York, 1990, p18.

[2] Viollet-le-Duc, *Lectures on Architecture*, Benjamin Bucknall, translator, Dover, New York, 1987, v2, p64–65.

Suggestions for further reading 建议深入阅读书目

Background 背景介绍书目

George Basalla, *The Evolution of Technology*, Cambridge University Press, Cambridge, 1988.

George Basalla, 《理论的演化》, 英国剑桥大学出版社, 1998 年。

Rene Descartes, *Discourse on Method and The Meditations*, translated by F.E. Sutcliffe, Penguin Books, London, 1968.

Rene Descartes, 《关于方法论和形而上学的论述》, F.E. Sutcliffe 翻译, 伦敦企鹅出版社, 1968 年。

G.W.F. Hegel, *Introductory Lectures on Aesthetics*, translated by Bernard Bosanquet, Penguin Books, London, 1993.

G.W.F. Hegel, 《美学引论》, Bernard Bosanquet 翻译, 伦敦企鹅出版社, 1993 年。

G.W.F. Hegel, *Reason History: A General Introduction to the Philosophy of History*, translated by R.S.Hartman, Library of Liberal Arts, New York, 1953.

G.W.F. Hegel, 《溯源：哲学史概述》, R.S.Hartman 翻译, 纽约自由艺术图书馆, 1953 年。

Lewis Mumford, *Technics and Civilisation*, Harcourt, Brace, Jovanovich, New York, 1963.

Lewis Mumford, 《技术与文明》, 纽约 Harcourt, Brace, Jovanovic 出版社, 1963 年。

Neil Postman, *Technopoly: The Surrender of Culture to Technology*, Vintage Books, New York, 1993.

Neil Postman, 《技术垄断：面对科技的文化之困》, 纽约 Vintage 出版社, 1993 年。

Peter Singer, *Hegel*, Oxford University Press, Oxford, 1983.

Peter Singer, 《黑格尔》, 英国牛津大学出版社, 1983 年。

Foreground 预习书目

Reyner Banham, *Theory and Design in the First Machine Age*, Architectural Press, London, 1960.

Reyner Banham, 《第一机械时代的理论与设计》, 伦敦建筑出版社, 1960 年。

Le Corbusier, *Towards a New Architecture*, translated by Frederick Etchells, Architectural Press, London, 1946.

Le Corbusier, 《走向新建筑》, Frederick Etchell 翻译, 伦敦建筑出版社, 1946 年。

Viollet-Ie-Duc, *Lectures on Architecture*, translated by Benjamin Bucknall, Dover, New York, 1987.

Viollet-Ie-Duc,《建筑讲演录》，Benjamin Bucknall 翻译，纽约多佛出版社，1987 年。

Sant'Elia and Marinetti, "Futurist Architecture", in Ulrich Conrads(ed.), *Programmes and Manifestoes on 20th Century Architecture*, Lund Humphries, London, 1970.

Sant'Elia and Marinetti, "未来主义建筑"；Ulrich Conrads 编著，《20 世纪的建筑杰作与宣言》，伦敦 Lund Humphries 出版社，1970 年。

Muthesius and van de Velde, "Werkbund These and Antitheses", in Ulrich Conrads (ed.), *Programmes and Manifestoes on 20th Century Architecture*, Lund Humphries, London, 1970.

Muthesius and van de Velde, "命题与反命题的关联性"；Ulrich Conrads 编著，《20 世纪的建筑杰作与宣言》，伦敦 Lund Humphries 出版社，1970 年。

Richard Rogers, *Architecture: A Modern View*, Thames and Hudson, London, 1990,

Richard Rogers,《现代视角下的建筑》，伦敦 Thames 与 Hudson 出版社，1990 年。

Readings 展读书目

Theodor Adorno, "Functionalism Today", in Neil Leach (ed.), *Rethinking Architecture*, Routledge, London, 1997, pp6-19.

Theodor Adorno, "当今功能主义"；Neil Leach 编著，《建筑反思》，伦敦罗德里奇出版社，1997，P6-19。

Peter Buchanan, "Nostalgic Utopia", *Architects Journal*, 4September/ 1985, pp 60-9.

Peter Buchanan, "乌托邦感怀"，Architects Journal 杂志，1985 年 9 月，P60-69。

Adolf Loos, "Ornament and Crime",in Ulrich Conrads (ed.), *Programmes and Manifestoes on 20th Century Architecture*, Lund Humphries, London, 1970, pp 19-24.

Adolf Loos,《装饰与罪恶》；Ulrich Conrads 编著，《20 世纪的建筑杰作与宣言》，伦敦 Lund Humphries 出版社，1970，P19-24。

Martin Pawley, "Technology Transfer", *Architectural Review*, 9/1987, pp 31-9.

Martin Pawley, "技术置换"，Architectural Review 杂志，1987 年第 9 期，P31-39。

第二章　建筑作为艺术——哲学中的美学

　　上一章中所论述的历史哲理引发了神话般的飞速发展，并使建筑文化产生了裂变。从科学终将为所有的自然现象提供合理的解释这一观点来看，新技术的发展将会逐渐满足我们所有的物质需求，然而这将使建筑设计退化为工程学科的一个分支，这不是个人所能控制的，而是受到经济与物质条件的制约。这种认为建筑学最终会沦为一种"科学"的观点，是这个理性时代一种普遍的探求与合理的表现。维奥莱 – 勒 – 迪克提出的将理性应用于满足人类的需求的原则衍生出了一种信念：优秀的建筑会"应运而生"，只要给予它正确的分析要求并选择适当的工艺与材料。

　　近来对于启蒙理性的"主导叙事"（Master–narrative 是认为尽管历史的演变是多种多样的，但是它又是统一的而且有方向性的——译者注）的批判，已成为后现代主义哲学的一个主要特色。于是历史上的另一种认为建筑是一种文化现象而不仅仅是理性的技术行为的观点又浮出水面。在这个表面上被科学理性所控制的社会中，这种明显倾向于艺术方向的异言就牵涉到对唯有科学才能"真实地"描述现实这一观点的质疑。在黑格尔的思想体系中，艺术被认为是多余的，其原因是它似乎不再为人类知识的进步作出贡献。同样的，由于在随后的自然科学与社会科学中被称为"实证主义"的这一学派的代表人法国哲学家奥古斯特·孔德（Auguste Comte，1798—1857 年，哲学家，社会学、实证主义的创始人——译者注）宣称，进步属于一种稳定的线性发展，是经验的逐步积累的结果，而这些数据最终将会对处于一个单一的统一系统中的所有现象做出解释。近代的一本著作对这种科学观念提出了批判，并回归到认可艺术是一种"语言"，是属于另一种对世界描述的手段的观点上。这本书就是最早于 1962 年出版的《科学革命的结构》，其作者托马斯·库恩（Thomas Kuhn）是美国麻省理工学院的一位哲学教授。这本书清晰地阐述了科学知识的发展过程，并着重叙述了每当出现创新时所造成的周期性的剧变。库恩通过有趣的模型重现了科学历史发展的过程。这个过程是由经验的积累来推进的，而这些经验却又存在于一个已经建立的框架之中。这个被库恩叫作"模具"的框架不仅在特别时期控制着人类行为研究的范围，而且预知与经验相关的最可能的结果。

这就是库恩所说的"常规科学"的发展过程，逐渐地这个"模具"被细节、确认、完成等信息堆积满。任何排除在框架之外的数据都可以被认为是不正确的或者没有关联的。对于那些与先前的"模具"完全抵触而导致疑虑与危机的数据，科学将会产生一个新的"模具"去研究分析这个不寻常的数据，因而可能建立一个新的研究领域。那些较大的"模具"转化就被称为"科学革命"，但它比较罕见，像哥白尼提出的日心说对宇宙结构的"重建"，或像爱因斯坦的相对论等。

这种有时有规律运行有时又戏剧性转变的行为提供了不同于实证主义者的积累渐悟的科学发展模式。库恩的描述中清晰具体地强调了那些能在他们自己意志引导下追寻出超越主流"模具"的个体的重要性。然而这种认知的模式与艺术作为另一种观察世界的方式异曲同工。而且它也像艺术家一样具有批判的本性去挑战公认的成规。就像第一章中所说的一样，这种艺术家像批评家一样与主流"模具"背道而驰的观念也被保留在了建筑界。现在有必要去考虑一下艺术在哲学，更准确地说在黑格尔哲学出现前后的美学中的地位。

49 美学的起源——从柏拉图到新柏拉图主义

在《理想国》这本写于公元前388年的柏拉图的著名对话集中，艺术在社会中的地位是从属于激烈的哲学研究的。对于柏拉图而言艺术的问题在于它要依赖于其表达方式——复制自然形态而且这种自然形态本身又是复制宇宙中的"完美形态"。这个"完美形态"的概念在柏拉图的存在论中随处可见。柏拉图的存在论又称为存在哲学，它把世界分为两个截然不同的领域，一是感知领域，一是精神领域。感知的领域是物质的而且可改变的。这个领域中的事物处于永不停息的转变之中，就像自然界中的生长与消亡。相反地，精神领域包含着世界上的事物的精髓，这种永恒的原型即"完美形态"被自然界不完美地模仿着，就像字母表被用许多不一样的字体写下来一样。继承了古希腊数学家毕达哥拉斯的概念，柏拉图认为这种高等的"完美形态"是一种自我控制的几何和数学的组合形态。其中体现了潜在的精确的优美的宇宙原则是只有智慧的头脑才能感知和欣赏。柏拉图认为哲学的目的是超越世俗的事物，远离感知领域去体验这永恒的宇宙精髓。在《理想国》的第七卷关于洞穴的寓言（洞穴寓言说的是，在一个地下洞穴中有一群囚徒，他们身后有一堆火把，在囚徒与火把之间是被操纵的木偶。因为囚徒们的身体被捆绑着不能转身，所以他们只能看见木偶被火光投射在墙面上的影子。因此，洞穴中的囚徒们确信这些影子就是真实的一切，此外什么也没有。当把囚徒们解放出来，并让他们看清背后的火把和木偶，他们中大多数反而不知所措而宁愿继续待在原来的状态，有些甚至会将自己的迷惑迁怒于那些向他们揭露真相的人。不过还是有少数人能够接受真相，这些人认识到先前所见的一切不过是木偶的影子，毅然走出洞穴，奔向自由。刚走出洞穴的这些人不禁头晕眼花，开始，他们不敢直接正眼看光明的世界，渐渐地，他们可以直接看、仔细看清阳光下的一切，最后，他们甚至可以直接看清阳光的源头——太阳——译者注）中，柏拉图精心描绘了哲学家从暗色的事物外表走入真实光明的本质的过程。

就像黑格尔的后期唯心主义建立在类似的哲学假设上一样，柏拉图几乎没有时间去独立思索。如同他在《理想国》的最后一卷中的描述，他想从他的理想的完美社会中驱逐所有的诗人，让受过教育的具有"哲学家品质的国王们"以合理的方式去管理它。

柏拉图所说的潜在的宇宙原则所体现的自然、和谐、秩序、精确，是美学的组成要素，因此他把美学加入到了他理想的教育体系之中。

> 如果要让年轻人去做真实的自己，那么无处不在并影响着他们的优良品质难道是不必要的吗？这些品质存在于看到的每一件物品之中，如绘画、装饰，也存在于制造的每一件物品之中，如衣服、建筑、器皿等，同时也存在于活着的生物形态之中。上面所有的物品的秩序和美丽的形态以及其对立面都各得其所。那些没有秩序、韵律和和谐的物品总伴随着拙劣的词语和不愉快的感觉，但是好的秩序却总是伴随着鼓励和自律。[①]

虽然柏拉图试图把美与真、善这些道德品质联系起来，好像优良品质的培养能确保个人的优良行为，但是自然界中的美往往优于一般画家的作品。画家的体验与对作品的组织成了所谓的设计。在这里实用性成了一个重要的价值因素，它几乎导致了功能主义的设计原则。

> 对于所有的事物如器具、生物、行为的评价——"它是否好，美丽或者正确？"最终都退化成了对制造出来的用途或者自然形

---

① Plato, *The Republic*, I. A. Richards, translator, Cambridge University Press, Cambridge, 1966, Book III (401) p57.

成的功能的评判。[1]

在柏拉图时代的希腊文化中，对自然界有机形态的欣赏也激发了艺术自然主义，特别表现在绘画雕塑中对人体形态的表述。但是这种对"不完美的自然界创造的复制品"的欣赏与渴求背离了艺术应该表达在自然界外表之下的潜在的"完美形态"的原则。然而这种渴求却是对所谓唯有理性才能揭示其本质的"完美形态"的更直接的揭示与理解。而在柏拉图的哲学体系中艺术仅仅意味着理性的结束，因此哲学家在搜寻真理的过程中必须放弃艺术。

柏拉图的学生和继承者亚里士多德在进一步诠释非完美的自然界时，把艺术的地位弄得更含糊不清了。在柏拉图的哲学体系中，自然界提供了完美形态的"影像"。然而艺术作为自然界的"影像"，远离了象征真理的"完美形态"。亚里士多德的哲学事实上否定了这种构架，他认为艺术美化自然并引导我们接近真理。这是因为在亚里士多德的本意中，并不希望柏拉图的完美形态存在于永恒之中，而是在感觉的产生与消失的经验领域里。以人对物体的感知体验为出发点，他创立了一套"标准性"的唯心论。他认为"普遍性"来自"特殊性"的平均值，因此研究无数的个体就能找到最终的"本质"。亚里士多德的艺术哲学对个体的研究也是非常重要的，在他的以诗歌和戏剧为主题的文献中，他认为艺术是来自实践的，在这一点上与柏拉图完全不同。柏拉图所说的抽象概念如善良、真理，亚里士多德却把它们联系到情感、行为这些现实主题之中。在亚里士多德的著作《诗学》中，他对戏剧从情节的结构到人物特性上提出了许多实践观点，而且从头至尾专注于通过演员如何处理道德上的困局来潜移默化地教育听众。他认为这种精神上的宣泄是通过分享经验和情感释放的方式来获得的，这就是剧院中悲剧影响观众的一种主要的方式。这种移情作用就成了所有艺术的表达方式，无论是听觉的还是视觉的。于是艺术代表一种更高的精神体验的观点成了后来的美学思想的主干。就像亚里士多德在《诗学》中抒发的艺术是"不完美的"的个体去接近普遍真理的方法。

> 就像悲剧中的角色鲜活于生活中的普通人，我们能从一个优秀的肖像画家的作品中看出这个人物的特征，在美化他的同时又

---

[1] Plato, *The Republic*, I. A. Richards, translator, Cambridge University Press, Cambridge, 1966, Book X (601) p178.

非常相像。①

　　当亚里士多德用更加抽象的词汇描写美的时候，他引用了秩序、和谐作为美的基本元素。和柏拉图一样，他在自然中寻找这些元素的范例，但不同的是，他的研究是形而下而不是形而上的。他提出内在的力量决定了生物体的功能，这种因果概念引发了后来对科学界的思考。在柏拉图试图解释普遍性中的特殊性的产生时，亚里士多德通过他的标准性唯心论扭转了这一过程。在柏拉图的思想体系中，艺术家好像落入了圈套之中，只能受限于模仿自然界中的形态。然而在亚里士多德的思想中个体能自主地发现存在于世界背后的"完美形态"。这两种对艺术家的地位相抵触的观点源于两种思想体系的根源：从柏拉图的唯心主义到唯物主义者笛卡儿、黑格尔等人的哲学都是建立在推理和领悟为主导的哲学体系之中，另一种从亚里士多德到洛克、伯克利、休谟他们却是在一种强调经验与感知的哲学体系中。在深入讨论这个争论和后面的对美学的推论之前，还有另外一个早期的这个领域的哲学家需要提及。

　　公元3世纪，古罗马哲学家普罗提诺［Plotinus，又译柏罗丁（公元204/5—270年），新柏拉图学派最著名的哲学家，更被认为是新柏拉图主义之父。大部分关于普罗提诺的记载都来自他的学生波菲利（Porphyry，公元232/4—304/5年）所编纂的普罗提诺的《六部九章集》的序言中。普罗提诺主张有神论，同时主张迷信与法术。他不是基督徒，但他的哲学对当时基督教的教父哲学产生了极大影响——译者注］就在试图解决上面两种哲学存在的矛盾。在整理完成了柏拉图零散的对话文献之后，他建立了他的新柏拉图主义，其中美学部分的影响意义深远。普罗提诺设定了一套等级体系去解释整个宇宙。柏拉图所说的创世之神作为真理和美的根源在体系的顶端，这就是太一（the One），它是宇宙秩序的绝对的根源。从太一流溢出神圣精神（Nous），从神圣精神又发散出了灵魂（Soul），而人和世界都来自灵魂。就像柏拉图所说的灵魂是肉体的主宰一样，物质世界是太一发散的最后产物。每一个等级都带有太一的神圣秩序，这就是灵魂为什么对美关注的原因。因此个体的美是潜在的宇宙和谐的象征，由于它源于太一因而能被灵魂所感知。对更高的美的追求是每一个灵魂所向往的，这也是艺术家的追求和存在的价值。自然界中的美是一种不完美的表达，然而艺

① Aristotle, *The Poetics*, I. Bywater, translator, Princeton University Press, Princeton, 1984, 1454b, p2327.

术家却能从自然中揭示出更深的美来。普罗提诺延续了柏拉图的思想，但不同的是在他的体系中艺术家享有了特权。

> 这些基于对自然界模仿的艺术作品仍然是不能被忽视的，尽管这些被模仿的物品中有许多与自然的近似。我们也必须认识到这些艺术作品是对自然物无修饰的仿制，只是从视觉上而并不是从其本质出发的。此外，这些作品属于其自身，它们是那些自然本身缺少的美的持有者。[①]

这种艺术家的行为是对神圣和谐的探索的观念，成了后来主流的美学思想。此后对艺术是否是一种独特的知识形式，哲学能不能替代所有美学经验的话题成了主要的讨论内容。这些讨论集中在古典主义和浪漫主义两派之中。古典主义的观点认为艺术家扮演着传统角色收集和储藏永恒的完美形态；而浪漫主义却认为有创造力的作品是至高无上的，是"天才"的艺术家自发的创作结果。在两种观点之中艺术好像仍然屈从于合理性。问题是哪种观点才是如今美学讨论的基础呢？在叙述这些时兴的话题和它对建筑哲学的暗示之前，有两个美学历史的常识需要提及。第一个是在文艺复兴时期古典主义思想的复兴，另一个是在 18 世纪浪漫主义的起源。

文艺复兴就是指古典主义思想的复苏，由于新的活版印刷术的应用，它的影响力快速传播开来。在 1456 年古腾堡的著名活版印刷版[②]《圣经》出版以后的几百年内，大量的书籍被印刷出版了。此外在新版的维特鲁威《建筑十书》，这部写于公元 1 世纪罗马帝国的辉煌时期的著作中，古代哲学家的思想被重新阐述。在这两部书中，关于宇宙和谐的美学教条被重新审视，美的定义是基于内在的智慧价值而不是物质价值。这在 1475 年费奇诺（Marsilio Ficino，1433—1499 年，文艺复兴早期最有影响力的人道主义哲学家、新柏拉图主义的复兴者之一 ——译者注）给柏拉图的《筵话篇》（Symposium）的注解中清晰表述过，而且他在写给他的朋友卡瓦尔康蒂［Guido Cavalcanti，意大利诗人，"温柔的新体"（dolce stil nuovo）诗派的主要人物之一 ——译者注］的信中也总结了柏拉图在那一时期的基本原则。

---

① Plotinus, *Enneads*, Stephen MacKenna, translator, Penguin Books, London, 1991, V, viii, 1, p411.

② In fact moveable type had been used in China since the eleventh century AD. See George Basalla, *The Evolution of Technology*, Cambridge University Press, Cambridge, 1988, p169–95.

　　美的本体不在物质里，而在物质形态的洁净和典雅之中；不藏于实体里，而存在于一种光彩的和谐氛围之中；不在无生气的质里，而在适当的数和尺度中。光亮，典雅，比例，数字，尺度都可以用于度量和理解我们的思想，视觉和听觉。①

　　文艺复兴时期的建筑师努力用不同的角度去诠释著名的"维特鲁威"母题中的法则。尽管切萨雷·切萨里亚诺（Cesare Cesariano，1475—1543年，文艺复兴时期意大利米兰的著名建筑理论家——译者注）和弗朗西斯科·迪·乔治（Francesco di Giorgio，1439—1502年，意大利著名画家、雕塑家——译者注）都做了相似的图解（如图2-1），但是莱昂纳多·达·芬奇在圆和方的框架中塑造的维特鲁威风格的耶稣受难形式最为著名。他遵守了维特鲁威在古典建筑中所主张的永恒法则。书中在庙宇平面布置的章节中解释道：

　　因此如果认同比例系统是由人体的比例而得到，而且人体的每个部件都与其整体有着特殊的比例关系，那么我们自然会接受那些建筑师在为永恒的上帝设计庙宇时的手法 —— 借助比例和对称，通过对设计中的各个部件的组织使独立的单体和整体之间趋于和谐。②

　　1624年亨利·沃顿（Henry Wotton，1568—1639年，英国爵士，诗人、外交家和艺术鉴赏家——译者注）的书《建筑要素》是第一本英国仿效文艺复兴时期论文结构所写的著作。人体应与宇宙和谐呼应的观点也出现在诗人的形而上学的文字中。特别是乔治·赫伯特（George Herbert，1593—1633年，著名威尔士诗人、演说家、牧师——译者注）在他的诗《人》中尽显对和谐与比例的迷恋：

　　人皆对称，
　　身体充满协调的比例，从一个关节到另一个关节，
　　并与世间万物比邻而居，

① Marsilio Ficino, letter to Giovanni Cavalcanti, quoted in Albert Hofstadter and Richard Kuhns, eds., *Philosophies of Art and Beauty*, University of Chicago Press, Chicago, 1964, p204.

② Vitruvius, *On Architecture*, Frank Granger, translator, Harvard University Press, Cambridge, 1983, Book III, Ch. I, p165–67.

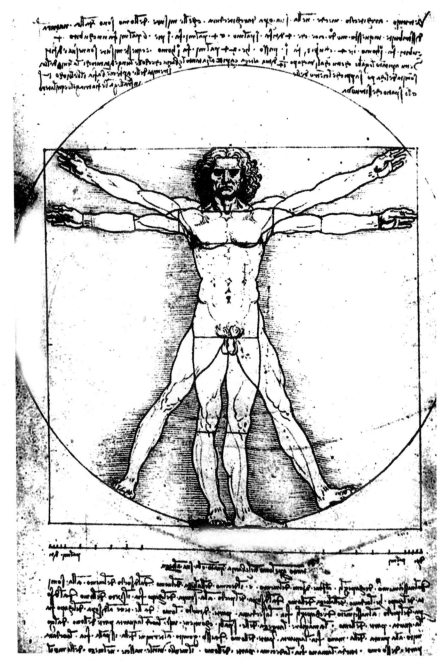

图 2-1 达·芬奇，维特鲁威人体形图，1500 年

> 各部分互为兄弟，不分远近，
> 头和脚可以有着亲密的友情，
> 如同月亮之于潮汐的亲密。①

　　乔治·赫伯特死于 1633 年，而这年伽利略的宇宙观被教廷认定为异端邪说，笛卡儿也迫于形势压力放弃了创作他的雄心大作《世界》的计划。然而后来的世界飞速变化，第一章提到的新科学又冉冉升起。与 17 世纪科学发展相呼应的是柏拉图哲学的又一次回归，各类新柏拉图主义者在英国的聚会是科技加速发展的预兆，也预示着哲学潮流走向"系统结构"的更深处。其中最著名的是 17 世纪末的安东尼·阿什利·库珀（Anthony Ashley Cooper，1671—1713 年，英国著名政治家、哲学家、作家——译者注）——沙夫茨伯里三世伯爵。他的美学研究重点直指美的本质，特别是与柏拉图哲学中提出的真善美相关。1711 年在他的著作《特征》的第一卷中写道：

> 所有的美丽是真实的。真实特征出面庞的美丽；真实比例出建筑美；真实度量出音乐的和谐。在诗歌里，尽管一切都如神话般虚幻，真实仍然是完美的所在。②

　　这句话重述了文艺复兴时代对潜在的自然法则起源的见解，事实上沙夫茨伯里更关注美对观察者心灵的影响。他认为对美的事物的探究是个人的创作行为，因为每个人对美的性质的敏感性是由个人经验所引起的。在英国经验主义传统的背景下，对美学心理学和美学经验的偏重定下了美学研究的基调。

　　经验主义者相信知识直接来自于感官，而思想建立在感官产生的经验素材之上。与此相对应的是欧洲的唯物论者，如第一章中提到的笛卡尔，他认为感官经验是不可靠的，是源于一种天生的无形的智力。直到 18 世纪末期，德国哲学家伊曼努尔·康德对这两种观点的解决方法为美学的发展跨出了重要的一步。与此同时"美学"一词也才在另外一个德国人亚历山大·鲍姆嘉通（Alexander Baumgarten，1714—1762 年，德国启

① George Herbert, "Man", quoted in Joseph Rykwert, *The Dancing Column, : On Order in Architecture*, MIT Press, Cambridge, 1996, v.
② Shaftesbury, *Characteristics*, quoted in Albert Hofstadter and Richard Kuhns, eds., *Philosophies of Art and Beauty*, University of Chicago Press, Chicago, 1964, p241.

蒙运动时期的哲学家、美学家。历来在美学史上形成共识的看法是他第一个采用"Aesthetica"的术语，提出并建立了美学这一特殊的哲学学科，被誉为"美学之父"——译者注）的书中创造出来。这个来自于希腊语感知（Aisthesis）的词体现了知识基于经验的经验主义的影响。而那时也正是德国和英国哲学的交错点，它整整影响了沙夫茨伯里和他的后继者赫起逊（Francis Hutcheson，1694—1747年，英国启蒙运动时期哲学家、美学家——译者注）和埃德蒙·伯克（Edmund Burke，1729—1797年，英国政治家、美学家，经验主义美学集大成者——译者注）等几代人。伯克也许是其中最坚定的一个，他把美学划分为经验美学和心理学两个范畴之中。他系统地阐述了与美学相反的观点，在所有这些观点中，研究的重点从美学经验的主体被转移到美学经验的客体上。新的观点认为艺术提供一种独特的知识，一种不能被替代的特殊的感知领域，而不是简单地认为艺术体验终是智慧的结果，美仅仅是表现秩序和完美这些潜在的自然法则的图像。

58 美学天才——从康德到尼采

伊曼努尔·康德［Immanuel Kant，1724—1804年，德国哲学家、天文学家、星云说的创立者之一、德国古典唯心主义创始人。康德的"三大批判"构成了他伟大的哲学体系，它们是："纯粹理性批判"（1781年）、"实践理性批判"（1788年）和"判断力批判"（1790年）——译者注］也许是最著名的运用超凡的洞察力把美学观念融入哲学体系之中的哲学家。康德最早的两个关于"纯粹性"和"实践性"的重要批判，论述了知识和道德的问题。在康德的第三个介于前两个批判之间的批判中，他认为美学的作用是人的判断力的一部分。这一判断分为两个截然不同的部分，一部分是有目的性的判断，也称为目的论，与此相反，另一部分则是无目的性的美学判断。这种康德哲学中的重要原则在康德的"由无目的的目的性"① 的定义中表露无遗。自然再次成为艺术中对美的判断的模型，而其自身存在着内在的原因。与通常的从目的到方法的评判方式不同，对美的判断是观察者的独立行为。这是康德为建立一种独立的自治的美学领域而做的对美学本性的探索。他的一个具有长远影响的观点是美丽的艺术作品产生于得到灵感的天才。他说灵感已经暗示在先，艺术更多的是创作而不是模仿。

① Immanuel Kant, *Critique of Judgement*, J. H. Bernard, translator, Hafner Press, New York, 1951, § 17, p73.

这也暗示了传统经典的超验原则，并且为后来几十年的浪漫主义运动打下了基础。

> 我们因此看到天赋是一种没有明确原则的创造力；它并不只
> 是一种循规蹈矩的天资；因此创造性必须是其第一属性。[1]

艺术家在创作中的美学灵感是艺术能被称为一种独特的知识的关键所在。虽然技术技能能够被传授，艺术作品也能够被用普通语言讨论，但是艺术的灵感本身却从来不能被表达。在这一观点上，十几年后的黑格尔与康德的思想截然不同，他提出了另一种对艺术的观点。黑格尔试图把美学灵感从艺术客体的形式中分离出来，而作为一种"被委托"的行为艺术实践在他的哲学体系的较低位置上。康德和浪漫主义者们则坚持灵感和艺术客体是不可分的并且创立了另外一种相关的"美学知识"。

在黑格尔不懈地寻找"绝对真理"的哲学历程中，艺术家的地位被降低成一个多余的支持者的角色。艺术只在文化发展的原始阶段有一定作用而后被更加精准的哲学思想完全替代了。这种"科学观"认为生活中的神秘部分最终都将被解决，并且忽视艺术作为理解方式和必要的评论工具的作用。不同于前面所说的主流的"模具"观念，艺术作为一种批判手段是19世纪早期文学和艺术上的浪漫主义革命的重要遗产。浪漫主义者抨击当时的主流观点——人可以发现事物的所有本质。但他们摒弃了世界的客体性，用个性表达来替代。结果让他们感到挫败的是，现在科学和理性占了主导地位，枯燥的科学公式大大降低了试验的丰富性。歌德在《莱比锡诗歌集》中对蜻蜓的美的冥想中非常完美地表达了诗人的困惑：

> 它飞掠，它盘旋，没有一刻休息。
> 请别出声！它轻轻地停在了一根柳树枝头；
> 我轻捏住了它；
> 当我细端详它的真实的色彩时，
> 我看到了一抹深深的忧蓝[2]

---

[1] Immanuel Kant, *Critique of Judgement*, J. H. Bernard, translator, Hafner Press, New York, 1951, §46, p150.

[2] Johann Wolfgang von Goethe, from the *Leipzig Song Book*, quoted in Ernst Cassirer, *The Philosophy of the Enlightenment*, Princeton University Press, Princeton, 1951, p344–45.

歌德的诗攻击的对象是当时科学行为越发抽象刻板的流行趋势。而这对事物性质上把握的缺失却是艺术所能弥补的。"我们谋杀了解剖学",英国诗人威廉·华兹华斯(William Wordsworth,1770—1850 年,英国诗人——译者注)简洁地概括了当时把解剖学的解剖过程作为范例应用到所有的科学研究中的流行现象(图 2-2)。与此相对应的,19 世纪出现了一系列的对这种现象的反应,例如哲学家们试图支持艺术创作具有价值的主张。亚瑟·叔本华(Arthur Schopenhauer,1788—1860 年,德国哲学家——译者注)主张世界是由一股充沛的力量所推动的,不同于黑格尔所说的代表最高的表达方式的"灵魂",这股力量既不属于哲学也不属于科学范畴。他认为艺术工作是人类意识的最高表达方式,比理性的破碎的"解剖"更加本质更加有力。德国人弗里德里希·威廉·尼采在 19 世纪下半叶也有类似的对理性和逻辑的有力批判。他称他后来的工作是对所有的价值的重新评估,因为这些传承下来的价值已经受限于西方理性智慧的教条之下了。由于他对哲学和美学都有研究,所以他这么说的基础来自对科学——被他称为"假象的形式"的统治地位的怀疑。

在 1872 年《悲剧的诞生》一书中,尼采对希腊歌剧和其"音乐的灵魂"的起源做了研究。这最初的哲学体系——"柏拉图确定的始于苏格拉底的哲学体系"就是文明的最佳表达方式,如同之前黑格尔的类似见解。在古希腊最好的戏剧中,他发现两股截然相反的力量——理性和感性各由太阳神(Apollo)和酒神(Dionysus)所代表。哲学的兴起推动了两股力量的分离,结果太阳神所代表的理性占了主导地位:

> 苏格拉底是理性的乐观主义者的原型,在他们对事物本质的解释中,知识和科学有万能的力量,错误是魔鬼的体现。①

作为理性发展的过程,在美被定义成可理解的词汇时,戏剧由于无理性甚至是一种对"易感动的灵魂"的威胁而被摒弃。尼采的主要研究兴趣是在"传统"哲学的局限性上,在这一领域的研究过程中,他回应了在他之前的浪漫主义者,同时也参与到当时大量的学术讨论之中。他反对科学是表达"客观"世界的真理的观点,并用下面这句没有太多逻辑的话阐述艺术家的重要性:

---

① Friedrich Nietzsche, *The Birth of Tragedy*, Shaun Whiteside, translator, Penguin Books, London, 1993, p74.

图 2-2　安德雷亚斯·维萨里，手臂解剖图，来自《人体构造》木刻版画，1543 年

是否可能有一个智慧的世界那里没有逻辑学家？是否有可能在那里艺术恰恰与科学相互依存和互补？ ①

63 美学与解构主义——从海德格尔到德里达

在 20 世纪关于艺术地位的极有影响力的讨论中，科学的局限性再一次被提出来。这个讨论的主要参与者是两个德国哲学家，马丁·海德格尔（Martin Heidegger，1889—1976 年，德国哲学家，20 世纪存在主义哲学的创始人和主要代表之一——译者注）和恩斯特·卡西尔（Ernst Cassirer，1874—1945 年，德国哲学家、文化哲学创始人——译者注），他们各代表两种完全不同的哲学思辨传统。他们都认为艺术是一种知识形式的，但是他们在对艺术与哲学之间的关系的结论却大相径庭。由于海德格尔创立了新的存在论的基础，并且他像尼采一样也试图解构这历史悠久的哲学传统，因此在深度和广度上海德格尔的观念有更大的影响力。他试图通过分析其他的表达形式去观察用语言无法表达的东西。他认为诗歌、科技和艺术在揭示世界的真理的时候都起到了极其重要的作用，都是对神秘的"存在"的洞察。"存在"是贯彻海德格尔哲学的重要主题，这也是他不同于卡西尔而更贴近黑格尔哲学的地方。"存在"不是实体但是具有一种潜在的力量，就像黑格尔所说的"绝对精神"，它与平常事物的极大不同点在于它是通过艺术作品的形式表现出来。艺术解读现实是"存在"更真实的表达的观点，回应了亚里士多德认为艺术家为了提取个例中的"普遍真理"而理想化艺术作品的现实原型。海德格尔在 1930 年期间撰写，但直到 1950 年才出版的著作《艺术作品的起源》中写道，这是一个揭示被暗藏在艺术作品之中的世界本质的过程。他举的著名的关于凡·高的作品《农夫鞋》的例子展示了他认为只有艺术才能更好地表达一种真实。它暗示了大量的环绕于作品的信息，例如这个农夫的生活，这是一种迅速而强有力的表达方式。海德格尔用同样充满感情的语言配合诗歌描述了另外一个相似的关于古希腊庙宇的例子。他说站在庙宇前就像面对一个"石制的山谷"，然而与此同时它却暗示了宗教的崇高感从而魔法般唤起另一种人身体验。

在这方面有事迹背景的人造物的力量给建筑设计者很多的启发，这是下一章的主要内容。然而艺术工作也要遵循其自身的工作语言，海德格尔

---

① Friedrich Nietzsche, *The Birth of Tragedy*, Shaun Whiteside, translator, Penguin Books, London, 1993, p71.

继续回到他对表达形式的分析上。这里他回应黑格尔所认为的语言是思想的真实媒介，在海德格尔的体系中，被称为"存在的住所"。语言又是人类历史的宝藏，他经常用语源学去揭示隐藏在单词背后的原始本意。海德格尔的分级体系中，在某种意义上，语言是最原始的，然而语言又存在于先个人使用的系统之中。这种认为语言说人而不是人说语言的观点揭示了他认为的语言限制表达自由的决定性的趋势。对这种历史性的宿命观的期许提高了后来的批判的困难度，就像海德格尔在19世纪30年代以后对德国民族主义的支持。

海德格尔和黑格尔一样在追寻存在的真理中分外宠爱诗歌和语言，而卡西尔由于开始于不同的假设从而走上另外的一条思路。他回避海德格尔的存在哲学中的形而上的问题，而用知识的问题去取代。海德格尔在对卡西尔的理论的评论中说，这是他们两者之间的最大的不同。研究认识论完全不同于存在论，卡西尔延续康德的足迹，就是我们在前面提到的那位在知识的三个方面提出三大批判的德国哲学家。康德对认知世界的"可能性的条件"的批判和探寻导致了现实世界和精神世界的区分明确化。这种区别又反过来说明我们对世界的认识是基于我们大脑的能力，而我们的感知与意识却是建立在已经事先给定的思维方式的框架之中。由于这些感知依赖思维框架，例如三维空间、时间等，康德明确地指出我们的知识是严格遵循不同的思维形式和分类的思维活动的结果。卡西尔从这个观点出发发展了基于不同的"符号结构"的知识哲学体系，并且在其中调整了黑格尔的美学史的编年顺序。

黑格尔认为哲学是人类创造的最高知识成就，而艺术则作为原始阶段的产物没有什么价值，但是卡西尔却认为所有的媒体都有均等的重要性并扮演各自特有的角色。他从对事物的语言符号的分配上研究语言的起源，并以此为基础应用到所有语言体系和对艺术的象征主义的研究之中。如果艺术能被认为是另外一种语言或者是另外一种描述世界的方法，那么所有的学科如历史哲学也都可以被看作另外一种了。在1920年出版的三卷《符号结构的哲学》中，他设定了这一哲学的基本原理，但是只有在其后的《人论》中他才应用这些原理到更广泛的领域之中。在文化表达的其他领域中，关于语言模式以及更全面的语言学的研究将会在后面两个章节之中细致讨论。这一观点无论褒贬都广泛影响了最近的建筑哲学研究。

这种语言之间的相对主义的主要影响已经成为对科学作为唯一揭示现实真理的观念的挑战。对科学的客观性的疑虑成为真理之源的反思，卡西尔的哲学有助于恢复其他描述世界的方法。另外一位哲学家路德维希·维特根斯坦（Ludwig Wittgenstein，1889—1951 年，出生于奥地利，后入英国籍。哲学家、数理逻辑学家——译者注）与此同时在他的研究领域里也做出了类似的结论。他开始试图创造一种基于逻辑和数学原理的纯语言，像一种"语言的游戏"一样。但是最后他放弃了，他的结论是没有一种单一的语言，无论它多么的精密都不能完全精准地表达这个世界。每个表达形式都有其适用的领域，任何事物都是由很多不同的表述叠加起来的契合图像。每种表述方式都为整体的世界的知识作出了自己的贡献。

在这章开始时讨论的关于托马斯·库恩等对科学的重新评估也应与哲学再评估相比较，他们的客观性都受到质疑。为了克服现今占主导地位的理性模式的局限性，解构继承下来的西方哲学传统的技能在最近几十年非常流行，尽管这一过程几经波折。就像我们前面说过的浪漫主义运动，对知识的框架——"模具"的批判解除了思维束缚，导致人类知识的边界的扩张。海德格尔也有类似的对哲学假设的挑战，并试图解释被他称为传统的"批判的破坏"。这一观点被法国哲学家德里达在定义"解构"一词时借用。

德里达说如果没有尼采说的"锤子"至少也要有一根用于打开和揭示的撬杠，否则哲学已经没有什么可做的了。他的大量工作是研究以前的哲学家们的成果，揭示他们初始的假设从而质疑他们的结论。他经常通过模拟哲学家们的思考过程来揭示许多通常的哲学原则的破碎逻辑问题。尽管他的目的不是简单的批判和破坏，但是他还是因为蔑视哲学成绩而被许多人指责。就像他在一次对自己的思想展望的采访时说：

> 尽管在哲学之外，解构哲学是不合格和无法命名的，但在哲学范畴之内它可以被认为是哲学思想的一种结构家谱，它也确定了那些在历史上被掩饰和禁忌的部分，使得它们得以从那被压制的地方解放出来。它解构了哲学历史的同时也把自己放入了历史之中。[①]

为了摆脱这种压制，德里达的文章经常用非常晦涩的语句和诗歌性语言暗示"知识外部"的世界。在这点上他沿用海德格尔的方法，他的诗歌性语言跨过不同的文学流派也步出他的传统领域。他的思想表达方式就是分析和批判那些像维特根斯坦那样的仍然和实证主义原则纠缠不清的哲学家们。

---

① Jacques Derrida, *Positions*, Alan Bass, translator, University of Chicago Press, Chicago, 1981, p6.

德里达也同样关注于语言的局限性，以及语言的基本原则和定义的机制。在这个领域里他接受结构主义的观点，这将会在第四章中详细阐述。在他的思想中语言是哲学的特别的媒介，不同于海德格尔，他更多地关注写作的特性而不是传统上关注的演说。这一不同点对德里达的工作意义非凡，但是真正的重点在于更广泛的客观性。通过探寻而进入他的极具活力原则的媒介之中，他创造了一种模式去启发后来的人。在建筑上，他的思想被热情追捧，特别是那些期盼挑战历史传统的人，他常常使用的来自建筑的隐喻成了灵感的直接素材。不论这样的方法被作为一种工具来分析还是用于设计所产生的问题，德里达和建筑师彼得·埃森曼的合作还是有一定的成果的，在这一章节的结束部分会具体讨论。

另外一个与建筑相关的哲学新观点来自吉尔·德勒兹（Gilles Deleuze，1925—1995 年，法国后现代主义哲学家——译者注）和他的合作人菲力克斯·加塔利（Félix Guattari，1930—1992 年，法国精神辅导师，精神分裂分析和生态哲学的兴起人——译者注）。他们的论著中有很多是以语言作为主题的讨论，其中包括有可能构思和描述世界的"语言游戏"的多样性。与语言表面的"真实意义"相反的潜在价值的实际意义也部分形成了德勒兹整体的把理论作为工具箱的哲学构想。在他的早期工作中，他运用过去的各个哲学家的理论并通过自己的一种动态的诠释方式去搭建混合的哲学体系。这种多种哲学的综合体提供了他后期理论的模式，在这其中也包括德里达，为其他学科提供了一种创新的与过去的理论相"衔接"的方式，以便解决传统带来的问题。对建筑理论尤为重要的是他们的理论提供了另外一种诠释和评估过去的建筑边缘工作的可能。

建筑学与传统住宅

69

在建筑学领域里，对于运用不同语言来表达建筑的真实价值的争论同样影响了现代主义的发展。就像在穆特休斯（Hermann Muthesius，1861—1927 年，德国著名建筑家，德意志制造联盟主席——译者注）和凡·德·威尔德（Van de Velde，1863—1957 年，比利时建筑家、理论家、教育家，德意志制造联盟创始人之一　——译者注）的争论中，建筑中的艺术家所扮演的角色经常受到质疑。在现代主义发展的前期，科学的精确的设计方法和艺术家似的自由创作的方式逐渐分裂开来。现代主义中表现主义分支的建筑师，如埃里克·孟德尔松（Erich Mendelsohn，1887—1953 年，德国建筑师，代表作品有爱因斯坦塔——

图 2-3　勒·柯布西耶，朗香教堂，1950—1955 年（Alistair Gardner 拍摄）

译者注）和汉斯·夏隆（Hans Scharoun，1893—1972 年，德国建筑师，有机建筑的代表人物——译者注），体会出设计初期他们更多的是通过类似画家的想象得到创作的灵感。而立体派（立体主义的艺术家追求碎裂、解析、重新组合的形式，形成分离的画面以许多组合的碎片形态作为艺术家们所要展现的目标。艺术家以许多的角度来描写对象物，将其置于同一个画面之中，以此来表达对象物最为完整的形象。物体的各个角度交错叠放造成了许多的垂直与平行的线条角度，散乱的阴影使立体主义的画面没有传统西方绘画的透视法造成的三维空间错觉。背景与画面的主题交互穿插，让立体主义的画面创造出一个二维空间的绘画特色——译者注）艺术家毕加索和乔治·布拉克（Georges Braque，1882—1963 年，法国立体派的创始人——译者注）作品中体现的多重视点的体验被反映在夏隆和勒·柯布西耶的建筑几何片段之中。孟德尔松的具有雕塑感的方案——爱因斯坦塔同样提供了一个充满魅力而又荒谬的例子，展现了科学理论的影响而非盲目的运用新的科学技术。建成的爱因斯坦塔用现代的钢筋混凝土做框架并用传统的砖块和石灰填充，是传统和现代的综合产物。这个作品产生的强烈视觉冲击就像物理学中的原子模型或立体派的艺术作品一样撼动着当时

图 2-4 埃·门德尔松，爱因斯坦塔，德国波茨坦，1917—1921 年（Alistair Gardner 拍摄）

图 2-5 埃罗·沙里宁，纽约肯尼迪机场 TWA 航站楼，1956—1962 年（Alistair Gardner 拍摄）

的建筑界。建筑用空间的语言去叙事的观点在荷兰风格派［Dutch De Stijl，主张纯抽象和纯朴，外形上缩减到几何形状，而且颜色只使用黑与白的原色。也被称为新塑造主义（neoplasticism）——译者注］运动和后来的勒·柯布西耶的作品中被再次唤醒。第二次世界大战后的一段时期，尝试着去采用科技的表现方式来达到一种空间和形状上的雕刻质感已经成为一些大型方案的显著特点。当埃罗·沙里宁设计的鸟翼型的纽约肯尼迪机场第五航站楼引发了一种流行后，最著名的项目也许要属由丹麦建筑师约翰·伍重（Jorn Utzon，1918—2008 年，丹麦著名建筑师，作品有悉尼歌剧院、科威特国家议会大厅——译者注）设计的悉尼歌剧院。歌剧院在 1956 年中标，1973 年竣工，同年夏隆的主要项目柏林爱乐音乐厅也建成完工。尽管存在建筑技术和功能上的问题，这两个建筑都成了它们所在城市的重要标志性建筑。这种现象在较近期的例子是弗兰克·盖里的古根海姆博物馆，不久前才在较为偏僻的被人遗忘的西班牙城市毕尔巴鄂竣工。这个建筑的复杂性给先进的信息科技提供了一个令人惊叹的示范，例如在建筑师自己的办公室制造的手工艺模型，通过电脑处理后转换成数据资料，直接导入

图 2-6　埃罗·沙里宁，纽约肯尼迪机场 TWA 航站楼，1956—1962 年（Alistair Gardner 拍摄）

图 2-7　伍重，悉尼歌剧院，1957—1973 年（Neil Jackson 拍摄）

图 2-8　汉斯·夏隆，柏林爱乐音乐厅，1956—1987 年（Neil Jackson 拍摄）

图 2-9　皮亚诺建筑工作室，阿姆斯特丹科技博物馆，1992—1997 年（Jonathan Hale 拍摄）

图 2-10　盖里，毕尔巴鄂的古根海姆博物馆，1991—1997 年（Neil Leach 拍摄）

图 2-11　盖里，毕尔巴鄂的古根海姆博物馆，1991—1997 年（Neil Leach 拍摄）

图 2-12　盖里，洛杉矶的洛约拉法学院，1981—1984 年（Neil Jackson 拍摄）

图 2-13 丹尼尔·李伯斯金，伦敦的维多利亚与阿尔伯特博物馆扩建，1997—2001 年（Laura Hanks 拍摄）

施工过程。另一个提高城市形象的项目是丹尼尔·李伯斯金的伦敦维多利亚和阿尔伯特艺术馆加建工程。螺旋而"扭曲的盒子"向保守的城市肌理发出了挑战，或许也顺带提供了一系列迷人的展览空间。在小比例的处理上，应用新老对比来提高对肌理的认知，可以从维也纳市中心的房屋屋顶上戏剧性的时尚设计中找到影子。由蓝天组设计的一套办公和会议空间展示了一种明目张胆的无视传统的城市景观逻辑。但这一建筑与传统的共性在更深的层面上被体现出来，其结果是它破碎的几何造型形成对城市传统肌理的质疑。所有这些建筑所展示的是雕塑感的空间语言的力量——一种难以解释清楚而且不易用理性去证明的语言。这些建筑都背离了传统的功能和空间观念的要求，而通过想象创作并给予使用者新颖的体验。

很多近期的作品在方向上都明确得益于哲学的解构，作为一种对传统的挑战和未来展望的灵感。特别显著的例子是德里达和彼得·埃森曼之间的合作，始于埃森曼被邀请参加在巴黎的拉维莱特公园的设计工作。在这个项目中，相关话题中最令人惊讶的是德里达对大型项目的平面分析。他

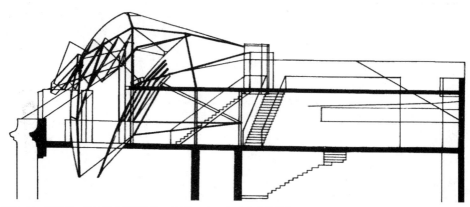

图 2-14 蓝天组，维也纳大屋顶改造，1983—1988 年（作者临摹）

图 2-15 屈米，巴黎的拉维莱特公园，1982—1991 年（Jonathan Hale 拍摄）

图 2-16　屈米，巴黎的拉维莱特公园，1982—1991 年（Jonathan Hale 拍摄）

吸收了伯纳德·屈米的总体规划设计思想，有效地将自己的哲学体系融入
建筑形态之中。在论文《疯狂的观点——当代建筑》中，他通过拉维莱特
公园中那些屈米设计的怪诞装置或亭台氛围形成一个迷人的情境表达他一
直在探索的某种哲学概念，就像他在下面所说的，这些奇怪的装置挑战着
传统的建筑标准和原则：

　　"荒诞建筑"（Folie）分裂了功能与形式的关系。功能把每一
　　个组件都带入建筑之中，直到现在（maintenant），好像给了建筑
　　以意义，更准确地说，正是这每一个组件控制了建筑的内涵。他
　　们首先而且不仅仅地建构了建筑的语意。[1]

德里达早期作品对语言的关注中就一直存在对根深蒂固的传统习俗的
探寻，例如含义的解构并不是天生的，实际上是由历史"构造"的。与这
种构造相连的隐喻使得建筑学再次作为一个重要的主题——它的持续与全

---

① Jacques Derrida, "Point de Folie – maintenant de l'architecture", Kate Linker, translator, in Neil Leach, editor, *Rethinking Architecture*, Routledge, London, 1997, p326.

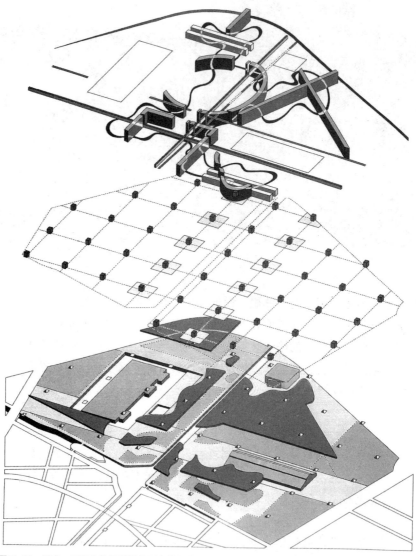

图 2-17　屈米，巴黎的拉维莱特公园点线面叠影图，1985 年（屈米提供）

面使得它成为解构再评价的重要对象：

　　建筑学的结构体系有自己的历史；它自始至终都是历史性的。
它的传统揭示了我们家庭经济生活中的密切联系，创立了我们家
与"居住场所"（Oikos）的法则，也开创了我们家族上、宗教上
和政治上的"家园学"（Oikonomy）法则，同样也包办了从出生
到死亡的所有地方：庙宇、学校、竞技场、集市、广场、坟墓。
它太接近我们的生活以至于我们忘却了它的历史性：我们认为那
是太自然不过的，就像是常识一样。[1]

　　这对固有的正统的建筑学常识的撼动是德里达在观察屈米的荒诞
（Tshumi's follis）设计时所洞悉到的。在他眼中，这是一种创新，一种赋
予建筑学的新机会——完全不同于承袭的传统观念和经济功能至上的现
代传统。他概括了一种更积极的接近历史的方式，也是一种非重复思考的
选择：

　　荒诞建筑（Folie）证实并且使它们的证言超越了这个没有前
途的只知道不断重复的传统建筑学。它们进入了我所说的熔解再
造状态，它们维持着、更新着、重构着建筑学。[2]

　　从对例如"形式追寻功能"的现代主义教义的质询引发了对建筑作
为一种物质和空间上的语言的再次确认的探讨。这个过程的最好现实例
子一般发生在功能不明确的建筑上，例如在德国柏林犹太人纪念馆扩建
工程，丹尼尔·李伯斯金在这里设计了一座纪念碑，而不是一般传统概
念上的功能性纪念馆，起初人们对它是否有安置展览功能，展览是否会
减弱设计效果就没有明确的共识。在后来的运营中也证实了纯净的未被
使用的建筑空间所展示的强大建筑感觉被后来的使用削弱和置换了，这
同时也再次提醒人们建筑的唯一性是永远不可能通过满足功能需求而体
现出来的。

　　另一个超越本身最初功能而成为一种雕塑作品的建筑例子，是位于德

---

[1] Jacques Derrida, "Point de Folie – maintenant de l'architecture", Kate Linker, translator, in Neil Leach, editor, *Rethinking Architecture*, Routledge, London, 1997, p326.

[2] Jacques Derrida, "Point de Folie – maintenant de l'architecture", Kate Linker, translator, in Neil Leach, editor, *Rethinking Architecture*, Routledge, London, 1997, p328.

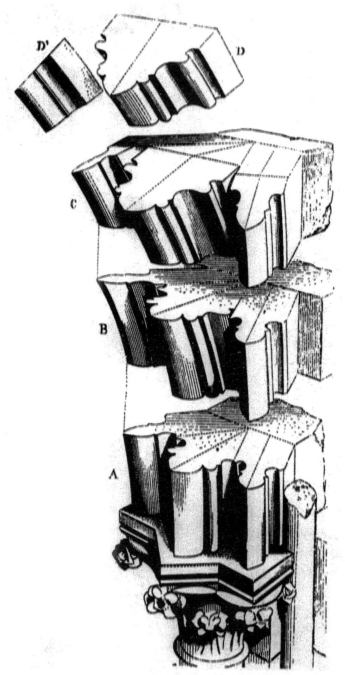

图 2-18　E·E·V·勒 – 迪克，文艺复兴字典中的哥特穹顶细部，1854—1868 年

图 2-19　扎哈·哈迪德，维特拉消防站模型，德国魏尔，1988—1994 年（扎哈·哈迪德提供）

图 2-20 扎哈·哈迪德，维特拉消防站图片，德国魏尔，1988—1994 年（扎哈·哈迪德提供）

图 2-21 扎哈·哈迪德，维特拉消防站，德国魏尔，1988—1994 年（Guillermo Guzman 拍摄）

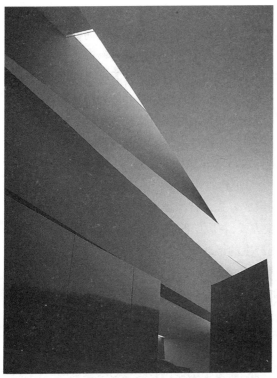

图 2-22 扎哈·哈迪德，维特拉消防站图片，德国魏尔（Guillermo Guzman 拍摄）

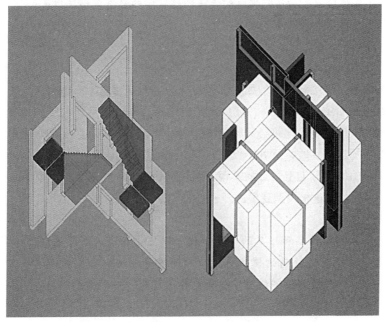

图 2-23 彼得·埃森曼，住宅六轴测图，1976 年（Peter Eisenman 提供）

国的家具公司维特拉被设计成校园形式的公司总部。其中一个建筑是由扎哈·哈迪德设计，1994 年竣工，开始作为工地上的私营消防站，但最终变成了公司博物馆的一部分。在建筑中人的运动的动静平衡产生了在尝试表达其功能的戏剧性时产生的一种重叠的动态合成。它看上去对原来的使用者的使用造成了一些麻烦，从而引发了建筑使用是功能性的还是有历史批判性的疑问。这种对已定使用价值的挑战的更直接的例子可以在彼得·埃森曼 20 世纪 70 年代后的居住建筑作品中发现。在其中最有名的可能是六号住宅或弗兰克住宅，建筑于 1973 年在康涅狄格修建，从那之后有大量的文字介绍这些作品。这栋住宅是把建筑作为一种独立的语言的极端的例子，它采用自有的线、面和体的组成方式。就像埃森曼在同一时期的其他设计一样，形式的产生是通过转换方式，在原始的样品基础上作一种连续的扭曲、旋转和剔除。这种几何规则产生的最戏剧性的效果是位于主卧室的中间的一道槽缝，为了保持这种外形上的完整性，它迫使居住者睡在被切开的床上。这显然是一种被过分纵容的设计方式，也直接导致后来房主很快进行了改造，而且在餐厅中间的圆柱也被建议采用更适合居住的图案。埃森曼在《卡片屋子》一书中说：

> 这个房子的设计过程，就跟本书所有的建筑设计一样，意图就在于要把建筑行为从它现有的传统的建筑学的自负中解脱出来，从而重新获得打破形式与功能关系这一枷锁的力量，进而有创造更多建筑形式的可能。[1]

对被供奉在建筑制度中的那些沉积传统的疑问是哲学家安德鲁·本杰明（Andrew Benjamin，1952—，澳大利亚哲学家——译者注）与结构主义联系的主题。埃森曼的建筑尝试则是实践的过程，是根据本杰明的哲学思想进行批判的建筑实践，远胜于仅仅在概念上的批评形式。在批判建筑的理论和实践的原则分类上蓄意的模糊就像德里达所展示给我们的哲学和语言的模糊一样。对这种类型建筑的理解，如本杰明所说：

> 埃森曼的作品和作品的设计过程，以及它背后的哲学内涵，开启了对这无可救药的传统建筑哲学的思考。传统是要被尊重的——所以既然传统不能被完全地纯粹地超越——那么就只有在

---

① Peter Eisenman, *House of Cards*, Oxford University Press, New York, 1987, p169.

图 2-24　库哈斯，鹿特丹艺术馆，1987—1992 年　　图 2-25　库哈斯，鹿特丹艺术馆演讲厅内柱，
（Alistair Gardner 拍摄）　　　　　　　　　　　　1987—1992 年（Alistair Gardner 拍摄）

对传统的尊重中寻求多样性，这些多样的可能性不能再被功能、
目的论或者形式美所左右。①

　　因此这个项目非常清晰的与早期有联系，建筑概念存在于许多不同的
层面上，在图纸中、文字中、模型中，而不仅仅是在完成的建筑中。事实
上一些建筑的概念已经在建筑的改变中被模糊了，在这一过程中建筑作为
批判性载体的示范作用却从来没有改变过。
　　把建筑从工程学的阴影中拯救出来的思想在最近几十年建筑理论界广
受关注。这个唯一在这章中被说到的主题将成为后面章节的中心问题予以
讨论。下面的章节将描绘至今为止的两种立场的版图，这可以被看作是在
建筑的含义与诠释的争论中的两极。

---

① Andrew Benjamin, "Eisenman and the Housing of Tradition", in Neil Leach, editor, *Rethinking Architecture*, Routledge, London, 1997, p300.

Suggestions for further reading 建议深入阅读书目

Background 背景介绍书目

Monroe Beardsley, *Aesthetics: From Classical Greece to the Present, A Short History*, Macmillan, New York, 1966.

　Monroe Beardsley,《美学：从古代希腊到现今的简史》，纽约麦克米伦出版社，1966年。

John D. Caputo, *Deconstruction in a Nutshell: A Conversation with Jacques Derrida*, Fordham University Press, New York, 1997.

　John D. Caputo,《解构精义：与J·德里达对话》，纽约Fordham大学出版社，1997年。

Jacques Derrida, "The End of the Book and the Beginning of Writing", in *Of Grammatology*, translated by Gayatri C. Spivak, Johns Hopkins University Press, Baltimore, 1976, pp 6-26.

　Jacques Derrida, "书籍的结尾与写作的起始"，《文字学》，Gayatri C. Spivak翻译，美国巴尔的摩Johns Hopkins大学出版社，1976年，P6-26。

Hans-Georg Gadamer, "The Relevance of the Beautiful" in *The Relevance of the Beautiful and Other Essays*, Robert Bernasconi (ed.), Cambridge University Press, Cambridge, 1986, pp 3-53.

　Hans-Georg Gadamer, "美的相关性"，《美与短文的相关性研究》，Robert Bernasconi编著，英国剑桥大学出版社，1986年，P3-53。

Albert Hofstadter and Richard Kuhns, *Philosophies of Art and Beauty: Selected Readings in Aesthetics From Plato to Heidegger*, University of Chicago Press, Chicago, 1964.

　Albert Hofstadter与Richard Kuhns,《艺术与美的哲学：自柏拉图至海德格尔的美学文章精选》，美国芝加哥大学出版社，1964年。

Richard Kearney, "Jacques Derrida", in *Modern Movements in European Philosophy*, Manchester University Press, Manchester, 1986, pp 113-33.

　Richard Kearney, "J·德里达"，《现代欧洲哲学思潮》，英国曼彻斯特大学出版社，1986年，P113-133。

Christopher Norris, *Deconstruction: Theory and Practice*, Routledge, London, 1991.

　Christopher Norris,《解构：理论与实践》，伦敦罗德里奇出版社，1991年。

Foreground 预习书目

Jacques Derrida, "Point de Folie-maintenant de l'architecture", translated by Kate Linker, in *AA Files*, No.12/Summer1986. Reprinted in Neil Leach (ed.), *Rethinking Architecture*, Routledge, London, 1997, pp324-47.

Jacques Derrida，"疯狂之点——现今建筑"，Kate Linker 翻译，AA 杂志，1986 年，No 12；Neil Leach 编著，《建筑反思》，伦敦罗德里奇出版社，1997，P324-347。

Peter Eisenman，"Post-Functionalism"，in Oppositions, 6/Fall 1976. Reprinted in K. Michael Hays(ed.), *Architecture Theory Since 1968*, MIT Press, Cambridge, MA, 1998, pp 236-9.

Peter Eisenman，"后功能主义"，Opposition 杂志，1976 年秋第 6 期；K. Michael Hays 编著，《1968 年以来的建筑理论》，美国马萨诸塞州麻省理工学院出版社，1998 年，P236-239。

John Rajchman, *Constructions*, MIT Press, Cambridge, MA, 1998.

John Rajchman，《构造学》，美国马萨诸塞州麻省理工学院出版社，1998 年。

Bernard Tschumi, "Abstract Mediation and Strategy", in *Architecture and Disjunction*, MIT Press, Cambridge, MA, 1994, pp 190-206.

Bernard Tschumi，"抽象的调和及策略"，《建筑与断裂》，美国马萨诸塞州麻省理工学院出版社，1994 年，P190-206。

Mark Wigley, "The Translation of Architecture: The Production of Babel", in *Assemblage*, 8/1989.Reprintedin K. Michael Hays(ed.), *Architecture Theory Since 1968*, MIT Press, Cambridge, MA, 1998, pp 660-75.

Mark Wigley，"建筑的转化：通天塔的制造"，Assemblage 杂志，1989 年第 8 期；K. Michael Hays 编著，《1968 年以来的建筑理论》，美国马萨诸塞州麻省理工学院出版社，1998 年，P660-675。

Readings 展读书目

Andrew Benjamin, "Eisenman and the Housing of Tradition", in *Architectural Design*,1-2/1989. Reprinted in Neil Leach(ed.), Rethinking Architecture, Routledge, London,1997, pp286-301.

Andrew Benjamin，"埃森曼与传统房屋"，Architectural Design 杂志，1989 年第 1-2 期；Neil Leach 编著，《建筑反思》，伦敦罗德里奇出版社，1997 年，P286-301。

Robert Mugerauer, "Derrida and Beyond", in Kate Nesbitt(ed.); *Theorising a New Agenda for Architecture: An Anthology of Architectural Theory 1965-1995*, Princeton Architectural Press, New York, 1996.

Robert Mugerauer，"德里达与其追随者"；Kate Nesbitt 编著；《建筑理论重构备忘录：1965—1995 年建筑理论选集》，美国纽约普林斯顿大学建筑出版社，1996 年。

第二部分

诠释模式

在第一章和第二章中的建筑学科地位归属问题被查尔斯·斯诺（Charles Percy Snow，1905—1980 年，英国物理学家、小说家、政治家——译者注）描述为科学和艺术"两种文化"之争[①]。1959 年，斯诺在瑞德（Rede）讲坛上发表了演讲，他提到并描述了现代社会中的深刻分歧——在诸如科学研究及工程技术等定量方向的工作和文学、音乐和艺术等定性方向的工作之间的分歧。斯诺认为，产生问题的原因在于这两种类型的学科之间缺乏交流，并都对对方的目标持怀疑的态度。而这样的情形最终导致了建筑学领域的讨论超越了建筑的实际意义的争论。在建筑学中，这两种文化之争具体表现为设计过程中定性与定量的争议。本书前两章中就探讨了一些历史范例，展现了这两种不同思维方式的历史背景。

事实上，建筑学无可避免地站在了"原创性的"自由艺术领域和"确定性的"实用工程学的十字路口。正如德国哲学家西奥多·阿多诺（Theodor Adorno，1903—1969 年，德国哲学家、社会学家、音乐理论家，法兰克福学派第一代的主要代表人物，社会批判理论的理论奠基者——译者注）在一篇题为"今日功能主义"的论文中所说，这种困境产生于有目的和无目的的客体之间那种错误的对立状态。阿多诺的论断是针对阿道夫·路斯（Adolf Loos）倡导建筑抛弃"不必要"的装饰而言的，不过，他还是无法从根本上判断这两者谁才是建筑设计中最"必要"的东西。他记述了在历史上这两者是如何联系在一起的——装饰常常是从构造衍变而来并象征某种构造——而同样，所谓"纯净"的科技产物也很快在它们的使用者中产生象征意义。在后一种情况中，大尺度可以举埃菲尔铁塔或者布鲁克林大桥为例，小尺度则可以在人们与小汽车和电脑之间的关系上看到。阿多诺的论文对我们的启发更多的是在建筑学的概念表达领域，他认为，不管你如何努力地设计一个纯粹功能化的建筑，但最后总是无法避免"寓意"的表述。一旦创作出成果，不管作者自己如何描述作品，他本身就已经不可避免地成

[①] C. P. Snow, *The Two Cultures and the Scientific Revolution*, Cambridge University Press, Cambridge, 1961.

为了评论的中心。即使用语言学进行简单类比，表述的内容和形式也无法截然分开。因此，如果建筑已经不可避免地陷在了文化"语言"的网络之中，那么，为了让人们理解设计的全部潜在意义，对建筑的解读方式就更为重要。

建筑不仅为我们提供了可以使用的围合空间，也同样是一种描述性的"语言"。本书的后三章向我们展示了多种对建筑的诠释，并试图为存在鸿沟的这两种文化牵线搭桥。这三章都多多少少在科学的"客观性"和艺术的"主观性"之间作了折中和妥协，在这一章中，争辩的砝码更多地偏向了后者。

尽管现象学的终极目标是为普遍真理提供可靠的基础，但它也是一门研究个体经验的哲学。现象学对建筑学有着很特别的影响，这很大程度上源于它对感知和认知的强调。现象学这一术语本身就是一个相当含糊和混乱的表达，不同的哲学家通过不同的方式使用它，虽然字典中在对"现象学"的定义中加入了种种释义，但仍然留有可争论的空间。现象学这个词语本身解释为研究现象如何作用于意识的学问，它来自希腊语 *phaino* 和 *Iogos*。*Phaino* 是"幻影"和"幻想"的词根，意思是"展示"或"显现"，而 *Iogos* 可以理解为"原因"、"词语"或"说出"，因此用于在自然科学中表示"关于……的学习或研究"。

95   "存在"的意义——从胡塞尔到海德格尔

目前对现象学这一术语的理解来自德国哲学家胡塞尔（E. Edmund Husserl，1859—1938 年，德国哲学家、20 世纪现象学学派创始人——译者注），他在 20 世纪前叶撰写了相关著作，并影响了大部分后来关于此主题的研究。黑格尔也在他的哲学体系中使用了这个名词。他在《精神现象学》中提到了现象学，并解释为物体的"显现"，即所有的产品都被看作是创造力和精神世界的实物表现。与黑格尔一样，胡塞尔也同样关注并寻求有关这个世界的知识的确定性。两位哲学家都提到了康德，康德在探究真理的"可能性条件"时，提到了意识和世界之间的关系，但他认为真实的"自身"是不可知的——意识通向外在世界的路是完全不存在的。康德认为，意识对现实的认识带有个体性，而这种认识是受我们的认知力所限制的；这会带来一个结论——尽管不可避免的会有人反对——我们实际上是在透过一层纱或哈哈镜看世界，这会阻碍我们的认识。虽然后来的哲学家对这一点持肯定的态度，不过在胡塞尔的时代，这似乎成了一个缺点——似乎哲学自己承认它的观点不可信赖，缺乏现代科学的客观事实支持。胡塞尔希望让哲学上升到"严格的科学"的层次，这就给了他寻找新途径的灵感：他决定从分析物体如何作用于意识出发，来打开通向事物的本质之门。

在某种意义上，有关科学性的哲学观念可以被看作是启蒙运动的后续节目，包括新兴的社会科学在内的众多学科受其影响，而不得不调整自身以符合新兴科学所带来的客观性的定义。在胡塞尔早期对真理基础的探求中，他用于研究现象及其作用于意识的方法，都是从遵循笛卡儿的思维过程而来。与笛卡儿一样，胡塞尔认为所有以往的经验都是不确定的，值得怀疑的而且具有误导性，所以他摒弃了所有先人之见。他试图将物体"框起来"，从而能使其从所处的环境中分离出来。在这些研究工作之后，他开始试图揭开事物的本质。在这个过程中，他对那些具有多种相关联的属性的客体都做了"自由变换"。通过不停地改变客体的各种特性，直到无法保持其本质，这时该客体的核心属性就揭示出来了，这属性代表了物体内在的本质。我们可以用台灯这样的日常用品来尝试这种过程，想象台灯的每个特性依次被替代——如果改变灯罩的形状，台灯仍然是台灯；但是如果移走了光源，我们就无法再称它为台灯了。

胡塞尔的这种复杂的分析过程，可以追溯到希腊的"eidetic"式的还原法，这个词来自希腊语的"eidos"，意为理想的或者本质的，柏拉图也曾经用过类似的方法。对柏拉图而言，这代表一种不变的普遍的"类型"，每个对象都可成为特例。在胡塞尔的工作中，这只不过是他称之为"现象学还原法"的大量工作的第一步。这种方法的最初要诀就是前面提到的排除法，将物体从它的"环境"中独立出来。胡塞尔希望通过把文化的世界还原到"现实世界"或称为"直接经验"的领域来，来获得一种一目了然的真实的世界。所有步骤的最后是"超验还原"，假设所有个体的经验都具有普适性。从主体的个体经验出发而推广到普遍的经验——这是将特殊个体推广应用为"先验主体"的唯一方法，也是为了胡塞尔发展的哲学提供所必需的科学客观方法。这个方法试图创造一种比一般的"常规"科学更加接近真知的哲学。有评论家这样形容：

　　……看起来所有的非哲学的科学都是从一系列的假设出发的，而科学本身并不去阐述证明这些假设。然而哲学却不愿留下任何悬而未决的东西，它希望基本的"假设"都是那些不需要证明的即时实证……①

① Joseph K. Kockelmans, *Phenomenology: The Philosophy of Edmund Husserl and its Interpretation*, Anchor Books, New York, 1967.

胡塞尔试图夺回丢失给自然科学的阵地，并提供有关世界的客观真理，但这个目标似乎太过野心勃勃了。在他晚期的工作中他也承认了他所尝试的全盘唯物主义化的失败。即使他最有名的口号"还原到事物本身"也跟他对于普遍性的真理的追求多少有些矛盾。这一点使得他对历史和文化之间相隔的距离产生误差，从而无法把握我们认识世界的深度；而且，他对于纯粹的智力分析的偏爱大大削弱了身体在感知中所扮演的角色的分量。在他后来的文章，特别是《欧洲哲学的危机》中，他确实提到了应该更多地考虑这些因素，不过具体的细节就留给他的学生们去完成了，而这些方面却从此成了近代哲学中相当重要的组成部分。

马丁·海德格尔（Martin Heidegger，1889—1976 年，德国哲学家，20世纪存在主义哲学的创始人和主要代表之一 ——译者注）应该是这些学生中最杰出的一位了。他曾在德国弗赖堡大学（Freiburg）师从胡塞尔学习，后来欧洲哲学界的许多杰出人物都或多或少，直接或间接地受到了他的影响。虽然在海德格尔的后期工作中，他回到了对语言学的研究中——这是知识的根本源泉，或者如他所言的"存在的大本营"——在他的早期作品中，他将现象学的方法转向了"存在的"经验，与胡塞尔的抽象"本质"相背离。这是因为海德格尔的目标是研究存在的本质而不仅仅是知识的本质。这个差别导致了海德格尔与卡西尔之间关于艺术地位的争论（第二章中有所阐述），海德格尔认为胡塞尔限制了他的思考，牺牲存在论而考虑认识论。在他浩繁而多产的研究生涯当中，海德格尔对于"存在的意义"倾注的更多专注成了他哲学发展的动力。

海德格尔所研究的日常生活固有经验的哲学含义，对建筑学的影响同样深刻。他仍然遵从胡塞尔"还原到事物本质"的方法，只不过把对事物的考虑置于更大的历史背景下。于是出现了海德格尔在解构上的尝试，正如我们在第二章所看到的，这被称之为与西方哲学对决的"胜利"。他批评传统哲学压制那些将意识和躯体分开的主题——哲学上称之为主体和客体的分裂。而同样的分裂也出现在理性主义和经验主义之间——或者说是感知的可靠数据和"纯净"的逻辑概念之间。而这就是现象学的初衷，试图通过关注个体和意识之间的联系来超越这种分裂。感知和认识的交集正是海德格尔对于存在意义研究的基本主题，即德语中的 Dasein，意为存在。从海德格尔的主要著作《存在与时间》（1927 年）的第一部分中，我们就能看到现象学作为一种"个体经验的哲学"出现了。这本书与另一本他和胡塞尔合编的书同时发行，而这本书一经发行就成了现象学的奠基之作。

从书中能清楚看到他的导师对整体概念的影响，但从细节上来说，他更为关注那些日常生活经验的描述了。海德格尔关注"存在彼处"而非"如此存在"，从而在方法上超越了胡塞尔。基于意识只能被理解为某物的意识的观点，他提出一条原则，即对于存在的研究应该超越对本质的理解。通过对特定场所和特定时间条件下，存在的真实情况的研究，海德格尔提出：自我的行为比自我的"本质"更为重要。正是自我"对外"的行为，可以成为解决主体和客体，个体和意识之间分裂的关键。这个从柏拉图开始，由笛卡儿加强的分裂，如今正在被现象学以一种方式弥补着——加强相互作用的两者之间的联系——自我不再是"无实体的意识"或者一堆物体中的某特定物体，而是一个正在进行的"物体"，既有过去的历史，又有未来的可能性。

正是这种对瞬时性的认识将人类和其他生命形式区分开来，并且赋予人类一种责任，催促他们将自身当作一种进行中的工程项目来建设。这种个体的责任要求使得每个人都按照自己的方式来生活，这是追求自由的产物，也是"真实的"存在的基础。对于个人的追求而言，这种为自己树立目标的自由带上了海德格尔称之为"责任"的色彩，即是"尽可能"的去生活。胡塞尔的另一弟子法国哲学家萨特也认为，在生命过程中为自己的命运负责，这已经成为现象学的存在主义分支的本质特征。对行为重视的意义在于其揭示了知识的本质是来自个体和周围环境的互动。

在《存在与时间》的重点章节中，海德格尔清楚地区分了来自行为和思考的两种知识。为证明这种区别，他举了著名的使锤者例子，当人们拿起工具并使用的时候，将获得某种重要的经验：

> 在使用东西的情况下，我们的关注更多地聚焦到了正在使用的工具是"为了什么"上面。我们越少凝视着这物体——锤子，我们就能越多地掌握和使用它，我们与它之间的联系就越本质越原始……使用锤子这一过程揭示了锤子的"可操作性"。工具所拥有的存在性，以工具自己的职责形式表现出来，我们称之为"准备好被使用"。[1]

当我们更多地关注自己而不是这项任务的目的的时候，在使用中的工

---

[1] Martin Heidegger, *Being and Time*, John Macquarrie and Edward Robinson, translators, Harper & Row, New York, 1962, p98.

具开始从我们的知觉中"消退"。这种情况会一直下去，直到工具忽然在使用过程中停止，忽然"站出来"表明它的存在。海德格尔如此描述工具作为"被使用"的条件，并且将这条件推广到那些我们不能使用的物体上——如艺术品或者自然现象。这些不被看作工具的物体，也就是不能被使用或者只是作为资源，也需要某种静穆的理解来对应工具的那种动态的使用。

100 "栖居"与建筑——海德格尔与奥特加

后来的有关技术的思考中，有一个重要观点是，无论多小的装置都是系统或者与之相关联的组件的一部分。如同锤子这样的工具只有在它与其他工具一起完成某种特定功能时才能被完全的解读。西班牙哲学家何塞·奥特加·伊·加塞特（José Ortega y Gasset，1883—1955 年，哲学家和评论家——译者注）在技术哲学中创造了"实用主义领域"一词，用来解释装置的这一特性。把工具看作从事某些特定活动的手段，意味着我们必须把它放到有许多其他物体的环境中来理解。同样的，在海德格尔的著作中从建筑的角度也进行了衍生，他认为理解一间房间不应该只是四面墙围出来的空间。作为"居住的容器"，建筑暗示着一系列的活动和相关的物品，比如墨水瓶、钢笔、吸墨水纸、灯、书桌、椅子和窗户，这些都是一个作家的书房所具备的典型的东西。这些东西形成一种"装置"，帮助我们理解这个语境，每样东西都暗示了其他东西的存在，并对由此形成建筑的功能同样必要。

为了从个体行为活动的角度来理解建筑，海德格尔把这套逻辑延伸到了自然领域，他开始描述建筑是如何为外界提供信息的。一个火车站的有顶站台出自对当地气候的考虑，街灯的摆放则可以告诉我们一年间日照的变化。伴随着这些环境品质一起的是使用者，他们的存在同样也由建筑所暗示，而对他们的解读就能从活动本身延伸到参与活动的人。

一方面，如上所述，海德格尔定义了两种知识——行为和思考；另一方面，他同样渴望在两者与世界的相互影响上建立必要的联系：

> "实践"行为虽然"盲目"，但并非"与理性无关"。它与理性的不同在于其简洁。理性行为是观察过程，实践行为是行动过程。然而事实上这种观察也是实践的一种形式，同样实践也有其自己的观察与审视。[1]

----

[1] Martin Heidegger, *Being and Time*, John Macquarrie and Edward Robinson, translators, Harper & Row, New York, 1962, p99.

从现实事物中获得的"被具体化的"知识形成了未来行为可能性的基础。对行为和预期之间互动联系的强调表现了海德格尔最初作品中存在主义的倾向。这就是"存在先于本质"的观点，认为对世界的经验早在意识用概念对之描述之前就存在了。著名的存在主义口号，多少与海德格尔的后期思想存在冲突，此时的他通过语言哲学又转回到更为本质主义的倾向之中。

这段时间被后人称作海德格尔研究的"转折点"，产生于第二次世界大战时期他哲学家生涯的一段困难的时期。与德国弗赖堡大学的校长一样，他由于未能在战前反对纳粹主义的兴起而声名扫地。在20世纪40年代晚期，他甚至被剥夺了正式的教学职务，然而利用这段时间他作了更加深入的研究，并对其后期的思想形成了深刻的影响。如同我们在第二章中描述的他对艺术和诗歌的评论那样，他思想中的转折点就是向语言这一特定领域的转换。在建筑领域中，他的兴趣同样集中在语言上，就像他那著名的短论："居、住与思"。如果你认同标题中的先后次序——为了实现居住的目的首先是建筑——那就与他的思考背道而驰了，在文章中他认为首先应懂得居住，然后才能去建造。这一辩论的目的就是让我们重拾已经"遗忘"的居住的意义，就像西方哲学已经忘记或者说忽略了存在的真正意义一样。为了重拾最初的意义，海德格尔回溯语言的历史，直到最初柏拉图还未曾将经验的世界和理性的表述形式分开。在这个后来被称作前苏格拉底的世界里，海德格尔辨识出一种更为可信的语言，它在理性和词汇之间有着一种更天然的联系。

从希腊语和德语之间一系列语源关系入手，海德格尔找到了在词汇和建筑及理性之间的关于存在意义的相互关系。在 1951 年发表的那篇《人，诗意的栖居》的文章里，他详细地描述了历史"沉淀"在语言中的重要内涵：

> 但是，我们是从何而知所谓居住和诗意呢？我们又从何而知我们抓住了事物的本质呢？只有在领会之后我们才能抓住本质，而只有语言才能教我们如何领会。[1]

他引用了弗里德里希·荷尔德林（Friedrich Holderlin, 1770—1843 年，

---

[1] Martin Heidegger, "…Poetically Man Dwells…", in *Poetry, Language, Thought*, Albert Hofstadter, translator, Harper & Row, New York, 1971, p215. Reprinted in Neil Leach, editor, *Rethinking Architecture*, Routledge, London, 1997.

德国诗人——译者注）的诗句作为这篇文章的标题，其意为修建房屋的物理过程蕴含"深意"。他同样比较了种植农艺以及制造工艺过程中的"建造"过程，结论是这些只不过是居住的一系列过程，而非居住的本意。为此，人们必须把诗歌看作"对居住品质的真实评测"①。诗歌中隐含着居住的历史，也投射出未来房屋的可能模样：

> 而人只有在他有以诗歌为感知形式的时候才能够修建出这样的房屋。真实的建筑只与诗歌同在，诗歌为建筑立规，建筑是居住的构筑。②

通过赋予建筑实践以诗歌的背景，海德格尔在他的早期有关居住本质的论著中表现了极有价值的洞察力。他研究了原始人类在地球表面上留下的印记，并演绎出一种观点称之为"四重整体"，作为建筑艺术的背景。这"四重整体"的构筑首先来自一幢房屋如何存在于天地之间——立于土地之上同样意味着掩于天空之下——其次的两重是神与人，概念更为模糊，阐述也尚未周全。尽管这四重概念"存在"于真实居住的诗意中，但它们是如何存在到建筑理念当中的呢？有关这方面的探讨仍然相对模糊。海德格尔确实在对场所的定义方面做得相当专业，他认为这是建筑与居住的最初始的任务。一方面，场所似乎是由边界的清晰和功能条件所决定的——边界并不意味着停止，而是"开始存在"③；另一方面，新建的建筑同样可以侵入并创建新的场所。他举修桥为例，新建的桥梁给河流两岸赋予了新的联系，它"形成"了河岸的两两相对，并"整合了沿河两岸的景观空间"④。

这些想法为建筑学提供了新的理念，可以加强我们对周遭环境的关注程度。如同海德格尔早期在《存在与时间》一书中提出的如何解读工具的含义。最后，语言重新成了一种媒介，或者说是"存在之家"，而这种观

① Martin Heidegger, "...Poetically Man Dwells...", in *Poetry, Language, Thought*, Albert Hofstadter, translator, Harper & Row, New York, 1971, p227.
② Martin Heidegger, "...Poetically Man Dwells...", in *Poetry, Language, Thought*, Albert Hofstadter, translator, Harper & Row, New York, 1971, p227.
③ Martin Heidegger, "Building, Dwelling, Thinking", in *Poetry, Language, Thought*, Albert Hofstadter, translator, Harper & Row, New York, 1971, p154. Reprinted in Neil Leach, editor, *Rethinking Architecture*, Routledge, London, 1997.
④ Martin Heidegger, "Building, Dwelling, Thinking", in *Poetry, Language, Thought*, Albert Hofstadter, translator, Harper & Row, New York, 1971, p152.

念曾在海德格尔的演讲"居，住和思"中提出，并引起了众多的争议。同样还是在这次研讨会上，即 1951 年 8 月举行的达姆施塔特研讨会（the Darmstadt Colloquium），奥特加也提交了他关于"实用主义的领域"的一篇论文（上文曾提到）。他们对于行为和思考之间谁为第一性的争论，也就是在理解居住的实质中存在和本质之间的关系上的争论就此拉开了序幕。奥特加认为的"生命的迸发"，在海德格尔看来即"思想的迸发"。不过关于两者之间的辩证关系，双方都没能提出。这一未解的谜题留给其他的哲学家们重新回到主题，考虑身体经验的特殊任务——以避开后来福柯所称的"语言之牢笼"——并提出对于"具象化的真理"的本质的清晰理解。

关于主体的哲学——从博格森到梅洛－庞蒂

在后来钻研此课题的哲学家中，法国哲学家梅洛·庞蒂（Maurice Merleau-Ponty，1908—1961 年，法国存在主义哲学家——译者注）应该说是最著名的一位了。他与让·保罗·萨特在 1945 年合办了哲学期刊《摩登时代》（Les Temps Modernes），并保持了长久的合作关系，直到因为分歧不得不分开。在期刊开办的同年，梅洛－庞蒂发表了他的主要著作，标题为《知觉现象学》的博士论文。在论文中，他首先从一系列临床实验的详细案例入手，分析了身体对于我们的知觉是如何作用的。他研究感觉是如何产生联动效应，而知觉又是如何提供原始数据，并等待意识将它们清晰概念化，梅洛－庞蒂希望借此说明语言脱胎于我们的生活经验，因此它不应该像海德格尔早期分析中那样占有第一性的优先权。在书的绪言中，他这样写道：

> 回到事物本身，意味着回到一个超越了知识的世界，真理在此言之凿凿，每个系统化的学科都是符号语言的抽象和派生，如同我们早在学习地理学之前，就已经知道什么是森林，草原和河流。①

梅洛－庞蒂试图描述的是一种先语言性的理解，也就是说，世界在它被语言"包装"之前已经具有存在的意义了。西方哲学历史上通常会考虑行为在我们对外界感知中所扮演的角色，而他的研究毋庸置疑超脱了这一

---

① Maurice Merleau-Ponty, *The Phenomenology of Perception*, Colin Smith, translator, Routledge, London, 1962, pix.

点。虽然在他的早期作品中，他认为口头的语言源于行为举止的阐述——行为举止仍然在交流当中扮演了相当重要的角色——但是他的晚期作品中，他开始注意其他表达方式，比如一个艺术家是如何应用他的身体与创作材料相交流。在 1961 年出版的《眼与心》一文中，梅洛－庞蒂提出身体是理性知觉和物质世界之间的交界面。他对艺术的兴趣来自这种交界面的表现，一幅画中的笔触揭示了画家的手的运动。这种在画家身体与使用媒介之间的"邂逅"为我们描绘了一幅有关身体与世界之间交流互动的图景。如法国哲学家亨利·柏格森（Henri Bergson，1859—1941 年，法国哲学家，1927 年诺贝尔文学奖获得者——译者注）在 1896 年所说："周遭的每个物体都在预备着随时可现的互动。"[1] 梅洛·庞蒂从对艺术品建构技能的理解中看到了其反映出的艺术家身体的行为，这正好体现了身体与外在世界之间的连贯性。

美国哲学家约翰·杜威（John Dewey，1859—1952 年，美国实用主义哲学家、教育家和心理学家——译者注）在《艺术即经验》中对艺术品的理解也采用了类似的感觉：

> "表皮从最肤浅的角度象征了有机体的结束和环境的开始。有些东西存在于有机体内部，却并不属于它；而有些存在于有机体外部，却是它的一部分……"[2]

他认为，正如同人类生活需要摄入空气和食物一样，人也可以把使用工具看作是一种与身体相"结合"的方式。这一点上他与早期的海德格尔不谋而合。海德格尔认为工具"准备好被使用"，而正在使用中的工具对使用者而言是"一目了然"的。这一有关延伸到环境中去的想法—— 工具成了身体的延伸部分——成了后来梅洛－庞蒂工作的主题，在他去世不久之后发表的未完成的作品中体现得尤为明显。早期，在《知觉现象学》一书中，他提到了一个常常出现的场景：每个驾驶新车的人总要花一段时间来熟悉车身的长宽大小，才能清楚车是否可以通过某个位置，这样，车的数据就渐渐成了"身体感觉"的一部分。相似的案例在一个盲人使用手杖时也能感到，手杖的端头成了盲人感觉的触点，也是他与周遭环境交流的途径。手杖成了肢体的延伸，盲人学会了"通过"手杖来感觉环境。这与海德格

---

① Henri Bergson, *Matter and Memory*, N. M. Paul and W. S. Palmer, translators, Zone Books, New York, 1988, p21.

② John Dewey, *Art as Experience*, Perigee Books, New York, 1934, p59.

尔的锤子例子相似，锤子从我们的"知觉"中消失了，我们用它的手柄末端来感知世界。[①]

在 1964 年发表的《纠缠——交错》一文中，他提出了"世界之肉身"的概念，用以进一步探索这个问题。题目中所说"纠缠"仍然对应了个体与外在世界的过渡区域，是身体的血肉与外界物质的"血肉"之间的相互作用。他眼里的身体并不是阻碍意识和世界之间的障碍，而是联系交流的工具——并且是唯一可以伸展出去理解外界的方法：

> 观察者和环境事物的"血肉"之间的厚度不仅构成了物体的可视性，也构成了观察者的存在性。它并不是两者间的障碍，而是他们交流的方式……人的身体的"厚度"，决不是用于与世界相对抗的，恰恰相反，只有通过将自我当作一个躯干，让世界成为我的血肉，这是我认为仅有的可以直达事物核心的方法。[②]

自胡塞尔最初试图定义"理想"的本质开始，追求事物的核心就成了现象学的主要目标之一。正如 18 世纪康德在试图解决理性主义与经验主义之争时一样，他们都在关注意识和现实世界之间关系这个永恒主题。康德认为，我们人类天生就将许多"潜在"的知识封印于脑中，在我们试图解开这些封印的时候，这种努力就转换为"代表"我们个体的主观经验。现象学的问题是这些个体内省的延伸，当应用于其他个体时就成为"主体间"的一部分。就像康德对美的定义，美是个体主观认定的，但这距离广泛认定的美的标准仍然有相当的距离。许多批评家很快就指出，这一存在于个体和群体的经验之间的鸿沟就是现象学的顽疾。

这个问题可能通过对建筑现象学的研究，把建筑看作更广泛的文化世界的一部分而获得解决。很多哲学家都曾在对 20 世纪建筑状况失望之时表现出了这样的希望，希望现象学可以帮助建筑对抗来自现代科学的技术化趋势。如同建筑历史学家佩雷兹·戈麦兹（Alberto Perez-Gomez, 1949—，建筑历史学家、建筑理论家，建筑现象学研究者——译者注）在介绍他的关于现代建筑"危机"的重要著作时所指出那样：

---

① Maurice Merleau-Ponty, *The Phenomenology of Perception*, Colin Smith, translator, Routledge, London, 1962, p143.

② Maurice Merleau-Ponty, "The Intertwining-The Chiasm" in *The Visible and the Invisible*, Alphonso Lingis, translator, Northwestern University Press, Evanston, IL., 1968, p135.

因此，最显而易见的造成我们危机的问题，是科学的概念框架并不能与现实吻合。也许宇宙的原子理论是正确的，但它无法解释人类的行为。科学的基本公理自 1800 年开始就"保持不变"，并抗拒着，或者至少是无法与符号学思维的丰富和暧昧相融合。[①]

109 **深入实体的构架**

一位在哲学和建筑学之路上铺下奠基石的哲学家——加斯东·巴什拉（Gaston Bachelard，1884—1962 年，法国科学哲学家——译者注）同样也陷入了上面提到的两难境界。作为一个法国现象学家他最初是位科学哲学家，在 20 世纪 20 到 30 年代出版了一系列有关现代科学话题的读物。在 1938 年，他出版了一本书，名为《火之心理分析》，开创了他写作的新方向，却令众多他的忠实读者迷惑不解。最令人疑惑的是他与一贯的原则明显背道而驰——他放弃了科学分析方法，却似乎对诗歌深感兴趣。事实上，他开始解决佩雷兹·戈麦兹试图回答的问题（见前），即科学也许可以精确定义事物，却在解决我们日常经验方面束手无策。

基于这样的理念——我们通过图像形式或者"讲述故事"理解事物和世界，巴什拉后来的研究颇有成效地跨入了文艺批评的领域。他的著作开创了我们理解"火"这一现象的文学渊源，尤其是"火"在不同使用方式中的象征意义以及由此引发的种种联想。这本著作是系列作品中的第一部，巴什拉在这个系列中依次重新阐释传统四大元素，挖掘它们的潜在以激发想象和反省。他出版了有关空气和水的两本书，并还计划两本有关土地方面的书，在这些书里面，他要展示一种全新的知识体验，这正是科学带我们渐行渐远，而在艺术中仍然直接激发着我们的想象。巴什拉的兴趣来自诗意的意象蕴含的深层意义，而他追求此主题并在 1958 年出版《空间的诗意》中将其推广到了建筑学的领域。

这本著作从住屋及其文学渊源的相关意象开始，提出了一系列基于私密空间的诗意品质的概念。在最初几章中，住屋作为理想的形式出现，它是隐居者的小屋，或者是宇宙的缩影；在后来章节中，又类比住屋为一系列的关于舒适和围合的概念。作者考察了动物的居住形式，比如壳和巢，以及可以类比的动物的"家具"如箱、柜，从中挖掘出表现了"理想"居

① Alberto Perez-Gomez, *Architecture and the Crisis of Modern Science*, MIT Press, Cambridge, Mass., 1983, p6.

所的不同特质来探究那些极富创造性的潜力。巴什拉所举的例子大部分来自诗歌和小说，这暗示着一个有意义的环境应该是一个可以激起诗意幻想的空间。与海德格尔认为的居住应该"值得去梦想"[①] 相对应，巴什拉所梦想的是对物质环境极有意义的构想。同时，他收集的那些引起共鸣的图像可以被看作是基于场所记忆的设计过程。正如建筑师彼得·卒姆托（Peter Zumthor）在一篇论文中所写：

> 当我专注于即将开始设计建筑的特定场地时，如果我试图探测它的深度、它的形式、它的历史和它给人感观上的愉悦，其他场所的图景就开始侵入我这精确的观察过程中：那些我知道并一度感动过我的场所；那些我所记得的具有各种特别的情绪和气质的，普通抑或特别的场所；那些源自艺术、电影、戏剧或是文学的建筑场景。[②]

巴什拉的书是想象力的素材的存档，它为许多其他哲学家提供一种建筑知识的新的解读方法。既然我们无法再用自然科学的抽象语言来体会生活，那么，我们或许可以考虑巴什拉提出的四要素，以现象学的方式来解释周边的环境。我们来看赖特设计的流水别墅，可以看到，建筑如何能够帮助我们意识到身边环境的品质。流水别墅修建完工于1936年，业主是匹兹堡零售业商埃德加·考夫曼。这幢别墅是他们一家周末的度假胜地，为了缓解一周以来的城市生活压力而建。对于他们一家来说，流水别墅所在的熊跑瀑布和岩层都为他们所熟知，此地距他们曾经夏季周末度假的木屋非常近，他们常常在此处的河边野餐，在岩层上生起篝火。而正是他们与自然风景的亲密接触成了赖特设计的出发点。起居室的壁炉建于现存的一块大岩石之上，这块大石头贯通上下楼层，唤起了"凸起的岩层"的记忆。球形的葡萄酒壶放置其上，令人回忆起曾经户外野餐的经历。

建筑本身也同样呼应着自然风景，它的悬挑阳台和连续的玻璃窗浑然天成，跌落的瀑布自然而然地流过，其间围合的生活空间有如早就存在此处的穴居之所一样。流水别墅与水建立了多种不同的联系，这是最好的体现建筑师对基地的状况和特点"关注"的例子。从入口处流动的喷泉水池

---

① Martin Heidegger, "Building, Dwelling, Thinking", in *Poetry, Language, Thought*, Albert Hofstadter, translator, Harper & Row, New York, 1971, p160.

② Peter Zumthor, *Thinking Architecture*, Maureen Oberli-Turner, translator, Lars Muller Publishers, Baden, 1998, p36.

到悬挑在河上的开放楼梯，整个别墅一直让我们体验与水的接触，就连石头地板也让人联想到河床。设计的四要素创造了一幅如画的自然风景的同时又是巴什拉所欣赏的一种三维的宇宙图景。而从海德格尔的角度来说，流水别墅也可以被解读为他的桥模型，就是关于桥如何影响周边环境的模型。为了更直接地应用后者的思想我们必须去了解其他的建筑理论家。

111 场所现象

早在 1960 年，就已经出现了反对建筑功能主义的声音。两个德国建筑师就撰写并在柏林期刊《月份》（Der Monat）上发表了这样的宣言：

> 建筑多元而神秘，是对现实的构筑与延伸，在建造之前需要无数次富有洞察力的对场所精神的认知。围绕着建筑行走，并且进入它的内部，建筑不只是一种二维的感官体验，而是开始成了有形的空间体验……主客体之间的关系已经被抛弃，建筑包裹并且掩蔽着个体，同时也丰富和深化了个体经验。[1]

这类思考重新将现象学的内容引入建筑与环境之中，这对于随后的几十年我们重新评价现代主义起了非常重要的作用。

挪威历史学家克里斯蒂安·诺伯格–舒尔茨（Christian Norberg–Schulz，1926—2000 年，挪威建筑师、建筑历史学家、建筑理论家——译者注）在这些作者中算是多产的一位。他写了一系列质疑功能主义的文章，也运用"场所精神"的概念（genius loci）于其同名书中，并以"迈向建筑现象学"为副题，在书中，他同样使用了刚才我们讨论的一些理念。诺伯格–舒尔茨从海德格尔的著作中直接借鉴了他关于居住本质的想法，并专门从"存在的立足点"出发进一步阐释了这个概念：

> 首先我借鉴了海德格尔关于居住的概念。"存在的立足点"和"居住"是同义词，即从存在的意义上说，居所就是建筑学的目的。当人可以在一个环境中找寻到认同感和归属感时，他才会定居下来。简短说来，他必须要感到环境是有意义的。因此，居所比简

---

[1] Reinhard Gieselmann & Oswald Mathias Ungers, "Towards a New Architecture", in Ulrich Conrads, editor, *Programmes and Manifestoes on 20th Century Architecture*, Lund Humphries, London, 1970, p166.

图 3-1　赖特，流水别墅，业主考夫曼，美国宾夕法尼亚州熊跑溪，1935—1939 年，壁炉与葡萄酒壶（Jonathan Hale 拍摄）

图 3-2 赖特，流水别墅，业主考夫曼，美国宾夕法尼亚州熊跑溪，1935—1939 年（Jonathan Hale 拍摄）

单的"庇护所"具有更多意义，有生活的空间才称其为场所，这才是场所这个词的真正意义。[1]

建筑把场所精神可视化并呈现在我们面前，建造的过程赋予基地以个性，把一个抽象的空间转化成为具体的场所。根据不同的文化和历史传统，这个过程可以由多种方式实现。在他的早期著作《西方建筑的意义》*中，他已经开始尝试着去展示过去这些过程是怎么发生的。他分析各个不同时代建筑的普遍象征特性，试图从中证明每种文化都通过建筑表现着自身的信仰。无论是基于宗教仪式或是宇宙结构，他也尝试呈现这些文化如何在不同的地域文脉之中被实体化。

在他后来的作品中，他同样把这样的理念验证于建筑之上。诸如一篇关于伍重作品中天地关系的分析，就像在伍重自己的短文"平台与水平线"中说得那样，他主要关注了杰出的景观形态，并叙述了重要场所雕塑般地面的重要性。悉尼歌剧院的并列翱翔的屋顶形式与哥本哈根的巴格斯韦德

---

[1] Christian Norberg-Schulz, *Genius Loci: Towards a Phenomenology of Architecture*, Rizzoli, New York, 1980, p5.

* 中文版由中国建筑工业出版社于 2005 年出版。——编者注

图 3-3　赖特，流水别墅，业主考夫曼，美国宾夕法尼亚州熊跑溪，1935—1939 年（Jonathan Hale 拍摄）

教堂（Bagsvaerd）的纸卷状内部空间，是两个戏剧化并置的建筑语言，展现出海德格尔式的界于大地和天空之间的对话。诺伯格－舒尔茨同样在后来的一篇文章中探讨了路易斯·康独特的设计，让我们回想起前面胡塞尔所说的把已有的知识"框起来"。康在设计一所学校时，他尝试着放弃自己的先入为主的陈规想法，重新考虑学校机构最本质的特性：

> 学校是从一个树下的人开始的。他向其他人讲授他所懂得的东西，言者没有意识到自己是老师，而听者也不知道自己是学生。学生们意识到自己的变化，感觉到追随老师的好处，他们希望自己的儿子也听学于这个人，于是很快，空间破土而起，第一所学校横空出世了。[①]

康认为这些"场所"是社会的基本结构，一幢有意义的建筑的职责就是让这些社会结构体现出来。同时，建筑也应该体现自然环境的本质"结构"，尤其是地域的自然风景和自然的光线。加利福尼亚州的萨尔克生物研究中心（Salk Institute）和沃思堡（Fort Worth）美术馆在它们的总体布局和材料的选择上都展现出了这一点。萨尔克研究中心提供了一个纪念性的广场，它打开建筑，让视野朝向更广阔的景观，像海德格尔所推崇那样——"接受"天空。金贝尔（Kimbell）艺术博场馆中，有质感的表面证实了康的"材料即是'光的赠予者'"的概念，同时也回应了他的名言："太阳永远不知道自己多伟大，直到它触到一幢建筑的表面。"[②]

在一个更小的尺度上，同样的范例诸如宾州的渔夫住宅，这个类似木盒子的简单组合物在风景环境中营造了一种"观景平台"的戏剧效果。

在肯尼思·弗兰姆普敦（Kenneth Frampton, 1930—，美国建筑师、评论家、历史学家——译者注）的作品中，有一些理念走得更远。通过"批判性"的再诠释地方建筑类型、地方材料和手工艺在建筑上的应用，他试图提供一套称之为"批判地域主义"的纲领。这是在更广泛的"世界"建筑的文脉之中又一次提出了场所的概念。弗兰姆普敦也再一次提起了海德格尔以及他的地域感，他也提到了一些最近的建筑师，同样感到他们在相同的目标上努力。在他《现代建筑———一部批判的历史》一书的最末篇章中，

① Louis Kahn quoted in: Christian Norberg-Schulz, "The Message of Louis Kahn" in *Architecture: Meaning and Place, Selected Essays*, Rizzoli, New York, 1988, p201.

② Louis Kahn quoted in: Christian Norberg-Schulz, "The Message of Louis Kahn" in *Architecture: Meaning and Place, Selected Essays*, Rizzoli, New York, 1988, p203-205.

图 3-4 路易斯·康，加利福尼亚州索尔克研究中心柱廊，1959—1965 年（Neil Jackson 拍摄）

图 3-5 路易斯·康，加利福尼亚州索尔克研究中心广场，1959—1965 年（Neil Jackson 拍摄）

图 3-6 路易斯·康，加利福尼亚州索尔克研究中心广场，1959—1965 年（Neil Jackson 拍摄）

图 3-7　路易斯·康，得克萨斯州金贝尔艺术博物馆室内，1959—1965 年（Jonathan Hale 拍摄）

图 3-8　路易斯·康，得克萨斯州金贝尔艺术博　图 3-9　路易斯·康，宾夕法尼亚州鱼屋室内，
物馆室内，1959—1965 年（Jonathan Hale 拍摄）　1960 年（Jonathan Hale 拍摄）

图 3-10　路易斯·康，宾夕法尼亚州鱼屋，1960 年（Jonathan Hale 拍摄）

他举意大利建筑师卡罗·斯卡帕（Carlo Scarpa）为例，认为后者是一个地域建筑师和迷人的材料拼贴师。弗兰姆普敦一直对现代建筑的建构意味具有特别的兴趣，在最近的著作中，他重新从建造过程来解读了一系列重要建筑，兴趣转移到通过建筑细部来考察现象学思维的影响，"建筑物材料表现的潜力可以丰富构造形式和空间的体验"——斯卡帕曾经的助手马克·弗拉斯卡里如是说：

> 在建筑中感知扶手，拾级而上抑或夹于两面墙之间，转过拐角，留意对应穿墙过梁，都同样是视觉和触觉的感知要素。正是这些细部整合了建筑意义和意识，产生了新的传统。[1]

地域性和主体经验这一对主题，成了弗兰姆普敦"对抗"城市生活关系的疏离和人们强调视觉效果媒体文化模式的手段：

> 两者都以各自的方式对抗着无所不在的巨型都市和视觉的排他性。他们仿佛预示着在西方思潮中对于精神与身体这对分裂的二元的弥补。他们可以看作是古老文化的代言人，对抗无根的现代文明的潜在普遍性。前者是地域形式的触角似的反弹，后者则是身体的感觉中枢。两者在这里相互作用，相互依存。地域形式之于视觉就如同影子之于主体那样无法触摸。[2]

现代建筑中对于主体的考虑越来越成为当务之急。在弗兰姆普敦的著作中，他也认同这种回归与城市发展息息相关——多少让人回想起海德格尔对植根于工业时代前的德国黑森林地区的乡土生活方式的怀念。

处于空间中的个体——运动和体验

123

其他建筑师逐渐也意识到个体与空间之间的关系，于是开始关注弗兰姆普敦所建议的"批判的地域主义"所产生的对建筑原型的限制。其中包

---

[1] Marco Frascari, "The Tell-the-Tale Detail", *VIA*, No7, 1984, p28. Reprinted in Kate Nesbitt, editor, *Theorising a New Agenda for Architecture: An Anthology of Architectural Theory 1965-1995*, Princeton Architectural Press, New York, 1996, p506.

[2] Kenneth Frampton, "Intimations of Tactility: Excerpts from a Fragmentary Polemic" in Scott Marble et al., editors, *Architecture and Body*, Rizzoli, New York, 1988, unpaginated.

图 3-11　卡洛·斯卡帕，威尼斯大学建筑研究所入口，1966 年（David Short 拍摄）

图 3-12　卡洛·斯卡帕，Querini Stampalia 基金会翻建项目桥的节点，1961—1963 年（David Short 拍摄）

括日本的安藤忠雄（Tadao Ando）、欧洲的赫尔佐格与德梅隆（Herzog and De Meuron），以及美国的斯蒂芬·霍尔（Steven Holl），他们每一位都如同康所作的那样，为了提高人们在个体与物质世界之间的"感觉"，希望表达清楚材料的品质。在斯蒂芬·霍尔的新书《交织》（Intertwining）中，他特别提到了梅洛·庞蒂的作品，甚至用经络（Kiasma）这个词来形容他的赫尔辛基美术馆的方案。在年轻建筑师中，贝克尔（Ben van Berkel）同样也在探索这个命题。特别是近期完成的莫比乌斯住宅（Mobius），这一设计是基于相互关联的使用者的生活模式和一天内可能的行为顺序为模本的，它出版了两组影像出版物，一组是关于建筑物的，另一组是以动画形式呈现数据图表，这种怀旧的影像是建筑师的决定，试图捉住潜意识在构思过程下的架构：

　　它们的意图是同时展出，以表达建筑的两个方面：以行为出发是这一设计的构思原则，而这个特别的建筑想象又与共同的生活想象相契合。①

　　在另一个层次上，现象学在许多案例中被诠释为一种对峙现象，对个体经验的强调显现出功能原则的局限性，这也显示解构学是如何深刻的被现象学影响，特别是德里达对海德格尔的评论以及最近建筑的解构思潮。伯纳德·屈米（Bernard Tschumi，1944—，法国建筑师、理论家、建筑教育家——译者注）的文章也可以被视为这一思潮的一部分，特别是他早期的短文《建筑的乐趣》和《空间经验的维度》：

　　这些超越功能主义者的教条、符号学系统、历史上的先例，或是过去社会及经济条件下形式化的产物的主要目的不只是为了颠覆过去，而是用以搅乱大多数保守设计所期待的形式以便保持建筑的吸引力。②

　　屈米进而发展这个理念使之朝向空间运用新的思考方式，他想避开功能主义，特别是在感觉到建筑的真实生活变得沉闷后，最终提出极有创意的"事件"理念：

① Ben van Berkel, "A Day in the Life: Mobius House by UN Studio/van Berkel & Bos", *Building Design*, Issue 1385, 1999, p15.

② Bernard Tschumi, *Architecture and Disjunction*, MIT Press, Cambridge, 1996, p92.

图 3-13 安藤忠雄，UNESCO 总部冥想空间，1994—1995 年（Jonathan Hale 拍摄）

图 3-14　勒·柯布西耶，美国哈佛大学木工中心，1959—1963 年（Alistair Gardner 拍摄）

图 3-15　勒·柯布西耶，美国哈佛大学木工中心，1959—1963 年（Alistair Gardner 拍摄）

图 3-16　勒·柯布西耶，美国哈佛大学木工中心，1959—1963 年（Alistair Gardner 拍摄）

建筑的定义不是指单纯的——空间、行为、运动——将它们编制成事件，有震撼力的场所或是虚拟我们自身环境的场所。①

自我虚拟的观点重新让我们回忆起了梅洛·庞蒂对艺术工作的看法，特别是在艺术家与世界事物之间遭遇时的描述，屈米也提出有趣的对比：一种场所是固定不变的，另一种却在参与者的行为中变得动态和多样化。这正好回应了海德格尔将栖居视为一种活动行为，一件必须不断努力的事，而不是达成妥协或放弃，同时暗示在建筑形式与功能之间的松紧度的可变性。例如，拉维莱特公园中的无功能建筑说明了对未来可能性的开放，这种初始没有规划的空间可以被转变成任何"事件"的场所。公园内的道路网络也强调了运动的重要性并暗示了柯布西耶在"漫步建筑"中所说的"舞蹈艺术之路"。

现象学在建筑中引发的种种问题源自哲学本身的迷茫，不只是主体经验的强调和试图在社会文脉下更广泛应用这种知识所造成的困扰，当它可以确实地成为细部设计过程的一部分，特别在空间体验的品质和感官刺激意向上，它也可以以更具评论性的策略证明它的实用性，这在解构主义近期作品中已经开始暗示。这种关系有部分是基于我们下一章的主题，关于解构主义哲学的其他主要来源是基于对结构主义被认为是更客观地阐述方法的批判。最后我们将等待其他以现象学为议题的思想家，试着以更宽广的角度来思考它们，例如文脉和历史传统。

Suggestions for further reading 建议深入阅读书目

Background 背景介绍书目

Hubert L. Dreyfus, *Being-in-the-World: A Commentary on Heidegger's Being and Time, Division 1*, MIT Press, Cambridge, MA, 1991.

Hubert L. Dreyfus,《今世之存在：海德格尔的"存在与时间"评述》。美国马萨诸塞州剑桥麻省理工学院出版社，1991 年。

Terry Eagleton, "Phenomenology, Hermeneutics, Reception Theory", in *Literary Theory: An Introduction,* University of Minnesota Press, Minneapolis, 1983, pp 54-90.

---

① Bernard Tschumi, *Architecture and Disjunction*, MIT Press, Cambridge, 1996, p258.

Terry Eagleton，"现象学、诠释学、受众理论"《文学理论中的说明》，美国明尼苏达大学出版社，1983 年，P54-90。

Richard Kearney，"Edmund Husserl"，"Martin Heidegger" and "Maurice Merleau-Ponty"，in *Modern Movements in European Philosophy*, Manchester University Press, Manchester, 1986.

Richard Kearney，"E·胡塞尔"、"M·海德格尔"与"M·梅洛－庞蒂"，《现代欧洲哲学思潮》，英国曼彻斯特大学出版社，1986 年。

Maurice Merleau-Ponty, "Preface" to *Phenomenology of Perception,* translated by Colin Smith, Routledge, London, 1962, pp vii-xxi.

Maurice Merleau-Ponty，《知觉现象学》的序，Colin Smith 翻译，伦敦罗德里奇出版社，1962 年，P7-21。

George Steiner, *Martin Heidegger,* University of Chicago Press, Chicago, 1991.

George Steiner，《M·海德格尔》，美国芝加哥大学出版社，1991 年。

Foreground 预习书目

Gaston Bachelard, *The Poetics of Space,* translated by Maria Jolas, Beacon Press, Boston, 1969.

Gaston Bachelard，《诗意的空间》，Maria Jolas 翻译，美国波士顿灯塔出版社，1969 年。

John Dewey, *Art as Experience,* Perigee Books, New York, 1980.

John Dewey，《作为体验的艺术》，美国纽约 Perigee Books 出版社，1980 年。

Kenneth Frampton, "Prospects for a Critical Regionalism", in *Perspecta,* 20/1983, reprinted in Kate Nesbitt (ed.), *Theorising a New Agenda for Architecture: An Anthology of Architectural Theory 1965-1995,* Princeton Architectural Press, New York, 1996, pp 470-82.

Kenneth Frampton，"批判的地域主义展望"，Perspecta 杂志，20/1983 年；Kate Nesbitt 编著，再版收录在《建筑理论重构备忘录：1965—1995 年建筑理论选集》，美国纽约普林斯顿大学建筑出版社，1996 年，P470-482。

Steven Holl, *Intertwining,* Princeton Architectural Press, New York, 1996.

Steven Holl，《纠结》，美国纽约普林斯顿大学建筑出版社，1996 年。

Christian Norberg-Schulz, "The Phenomenon of Place", reprinted in Kate Nesbitt (ed.), *Theorising a New Agenda for Architecture: An Anthology of Architectural Theory 1965-1995,* Princeton Architectural Press, New York, 1996, pp 414-28.

Christian Norberg-Schulz，"场所现象"；Kate Nesbitt 编著，再版收录在《建筑理论

重构备忘录：1965—1995 年建筑理论选集》，美国纽约普林斯顿大学建筑出版社，1996 年，P414-428。

Alberto Perez-Gomez, "The Renovation of the Body", in *AA Files,* No 13/Autumn 1986, pp 26-9.

Alberto Perez-Gomez，"人体的更新"，AA 杂志，No 13/1986 年秋，P26-29。

Readings 展读书目

Kenneth Frampton, "Rappel à l'Ordre: The Case for the Tectonic", in Architectural Design, 3-4/1990. Reprinted in Kate Nesbitt (ed.), *Theorising a New Agenda for Architecture: An Anthology of Architectural Theory 1965-1995*, Princeton Architectural Press, New York, 1996, pp 518-28.

Kenneth Frampton，"提醒：关于建构"，《AD》，第3—4期，1990年；Kate Nesbitt 编著，再版收录在《建筑理论重构备忘录：1965—1995 年建筑理论选集》，美国纽约普林斯顿大学建筑出版社，1996 年，P518-528。

Martin Heidegger, "Building, Dwelling, Thinking", in *Poetry, Language, Thought,* translated by Albert Hofstadter, Harper and Row, New York, 1971. Reprinted in Neil Leach (ed.), *Rethinking Architecture,* Routledge, London, 1997, pp 100-9.

Martin Heidegger，"居、住、思"，《诗意、语言与思维》，Albert Hofstadter 翻译，美国纽约 Harper and Row 出版社，1971 年；Neil Leach 编著，再版为《建筑反思》，伦敦罗德里奇出版社，1997 年，P100-109。

Bernard Tschumi, "The Architectural Paradox", in *Architecture and Disjunction,* MIT Press, Cambridge, MA, 1994. Reprinted in K. Michael Hays (ed.), *Architecture Theory Since 1968,* MIT Press, Cambridge, MA, 1998, pp 218-28.

Bernard Tschumi，"建筑悖论"，《建筑与分裂》，美国麻省理工学院出版社，1994 年；K. Michael Hays 编著，再版收录在《1968 年以来的建筑理论》，美国麻省理工学院出版社，1998 年，P218-228。

第四章 交流系统——结构主义与符号学

第三章中介绍的现象学是胡塞尔梦寐以求的既合法又具有严谨科学基础的哲学。为了让哲学具有坚实的科学确定性基础，胡塞尔力图回归到对事物本身的研究。这种手法导致许多哲学家将目光聚焦于研究个体的主观体验及个体本身对周围世界影响的解析。为此，现象学也被认为太过局限于本学科的研究兴趣，却将作为独立客体的事物同其存在的社会现实相脱离。另外一种更为宿命的版本认为，语言作为表述各种意义的来源，通过限制思维方式影响到我们对世界的理解。近年来，这种对语言的强调已经证明对语言学研究方向的转变极具吸引力，诞生于语言学研究中的一系列具有深远影响的解释模型，已经广泛应用到对整个文化的理解。促成这种重大转型的创新机制对于我们今天理解建筑依然重要，因为现代主义、后现代主义和解构主义都受到这种新潮的语言概念的影响。

第三章中讨论的建筑场所对于建筑的意义进一步说明了建筑内涵的重要性。建筑从某种意义上讲是一种可被阅读的文化内涵，这将会是这一章和后面几章讨论的核心内容。如果说第三章着眼于从人类所处的困境及从寻求归属感角度探讨建筑的内涵，本章则着重讨论如何从被称为语言哲学的结构主义角度来表述建筑的内涵。

本书目前为止主要集中在讨论语言的自由意志和决定主义，正如海德格尔提出的，讲话的究竟是人还是语言呢？是我们在左右语言还是语言在左右我们？[1] 根据海德格尔通过词源学分析来探究所谓的语言本意的理论，我们从某种程度上为语言所限，而不能重复它们在我们存在之前就已经具有的内涵。这种将语言作为不断进化的历史现象的研究方法，似乎忽略了语言应用的方式，也会随着时间的推移来改变其本意。海德格尔略显武断的选择追溯语言历史的研究方式显示我们对于语言作为一个工作系统的理解仍然是不科学的。结构主义最初就是通过回答这些历史命题，而创立了一套更为系统和科学的研究语言的方法，并因此而成为研究人类文化的科

---

[1] Martin Heidegger, "...Poetically Man Dwells...", in *Poetry, Language, Thought*, Albert Hofstadter, translator, Harper & Row, New York, 1971, p215. Reprinted in Neil Leach, editor, *Rethinking Architecture*, Routledge, London, 1997.

学。正如批评家特瑞·伊格尔顿（Terry Eagleton，1943—，英国马克思主义文学理论家、文化批评家——译者注）如下简洁的评论：

> 总体上讲，结构主义是将语言学理论应用于除语言之外的其他事物和活动。人们可以将一个神话，一场掰手腕比赛，一个部落的亲族关系，饭店的一张菜单和一幅油画都看成一个符号系统，结构主义的分析揭示了这些符号通过组合产生不同内涵的一系列内在规律。它很大程度上并不在意这些符号实际上要表达什么，而主要将研究集中于这些符号之间的内在联系。恰如弗雷德里克·杰姆逊（Fredric Jameson，1934—，美国文学评论家、马克思主义政治理论家——译者注）所说，结构主义就是用语言学的方法将所有事物重新审视一遍。[1]

和转向现象学研究截然不同的是，我们这一次转向语言学的原因在于想理解人类与这个我们惯于用隐喻方式描述的世界的关系。正如法国哲学家巴什拉在其哲学理论中所尝试的那样，结构主义主要研究的是将描述的认识价值作为人类每天和事实打交道的方式，在它看来，宇宙不是由原子，而是由"故事"组成的。[2]

语言的深层结构——费迪南·德·索绪尔

这种已被证明对众多学科如此有用的语言学模型到底是什么，它和其他哲学流派对语言的理解到底区别在哪里？这个模型源于瑞士语言学家费迪南·德·索绪尔（Ferdinand De Saussure，1857—1913 年，现代语言学的奠基者、结构主义的开创者之一 ——译者注）的研究并具体体现在根据他去世后留下的笔记于 1916 年编辑出版的《普通语言学教程》一书中。索绪尔语言学分析的三个重要原则都来自他起初对语言学符号本质的观察。索绪尔认为，作为语言符号，词语和句子通过传达我们对客观事物的看法而起作用。因此可将它们分为意符（文字）和意指（事物的意义）两种成分。索绪尔通过设计这种二元结构创立了相悖原则，即语言符号这两部分之间

---

[1] Terry Eagleton, *Literary Theory: An Introduction*, University of Minnesota Press, Minneapolis, 1983, p97.

[2] Muriel Rukeyser, quoted in Charles Moore, *Water and Architecture*, H. N. Abrams, New York, 1994, p15.

的联系是随意的。传统的语言学认为语音和事物具有天然联系，如拟声词
"布谷鸟"（cuckoo），"水滴"（drip）和"水渍飞溅"（splash）。索绪尔却认
为这种词汇仅占整个语言的一小部分，我们常用的大部分词汇则恰恰相反。
他在教程第一部分这样写道：

> 　　一些法语词汇，如，"fouet"（鞭打）、"glas"（丧钟），听起来
> 声音洪亮，振聋发聩，但我们仅需查询它们的拉丁文即知它们的
> 这种特性并非天生。"fouet"源于"fagus"（山毛榉树），"glas"则
> 源于"classicum"（喇叭声）。它们现在的声音性质或者说造成它
> 们现在声音性质的是语音学演变中的偶然。[①]

　　这些观察使索绪尔认识到语言以"异义系统"的形式运行。词语的功
能往往和其所指的具体事物无关，却取决于它们和其他词语之间的关系。
比如，"老鼠"（rat）或"猫"（cat）这两个词并没有什么明显的动物性，
但若将它们放在同一个句子中，其区别就尤为明显。这种对语言使用的共
识以及使用者在语言变换方面的知识，使得我们在语言系统内的交流变得
可能，否则"rat"三个字母仅仅是书本上的三个黑色符号而已。该原则解
放了索绪尔，使他能专注于研究语言的并时性，即和语义学特性或外部参
考信息及含义相反的规范语言使用的内在组合规律。换句话说，索绪尔研
究的是语言的形式，而不是其内容，对他而言前者才是问题的核心。
　　索绪尔三原则的第二部分关注的是语言作为一个系统，和其他系统之
间的以及在讲话时的区别。为解决这个命题，索绪尔用了另外两个法语反
义词，"语言"（langue）和"誓言"（parole）。为避免歧义，这两个词通常
在英文中不作翻译。"语言"是指语言作为一个系统，其规则和变换的内在
结构在交流某个特定意义的过程中像棋局一样展开。"誓言"或言语的行为，
从某种程度上被语言系统的潜能所限，正是这种个体自由表达的局限性被
认为是索绪尔学说中最具争议的部分。正如哲学家理查德·卡尼简明地指出：

> 　　索绪尔从根本上拒绝了那种浪漫的和存在主义的学说，即个
> 人的意识和天赋才是创造语言意义的特许场所。对索绪尔而言，
> 每个个体的存在是由自己创造的，结构主义认为语言的知觉集合系

---

① Ferdinand de Saussure, *Course in General Linguistics*, Wade Baskin, translator, McGraw-Hill,
New York, 1966, p69.

统决定了每个人言语的意义。[①]

索绪尔的第三个重要原则建立在更进一步的二元对立基础上，即历史和语言内在结构的关联。他在抛弃了那种认为意义是词汇和事物之间关系产物的看法的同时，也认为这种关系不会随着时间的流逝而改变。而后他将语言的异时性研究（语言跨越历史时期的演变）和他本人推崇的并时性研究（将语言系统从一个特定时间点的冻结状态分离出来）区分开来。正是在这一点上，索绪尔和传统的语言学研究习惯大相径庭，后者通常强调哲学、语音学以及各种文化力量之间的复杂相互作用。索绪尔总结认为言语的某些行为可能会随着时间的推移而不断变化，但隐藏在这些"表面"效果下的语言结构则永恒不变。无论在哪个历史时期，在语言研究中分析这种深层结构都可得到有关含义系统更为丰富的信息。

索绪尔虽然没能看到他曾经梦想并命名的符号学发展成为一门科学，但他留给后世的这种分析方法已由其追随者付诸实践。他曾在其著作中指出：

> 创造一门我称之为符号学（源于希腊文"semeion"，一种符号）的科学来研究社会中符号的轨迹是可以想见的，它可以是社会心理学的一部分并最后成为普通心理学。符号学需要揭示的是符号由何组成及它们由什么法则决定。因为这门学科尚不存在，它要研究什么尚不清楚。语言学仅仅是广义符号学的一部分，符号学中发现的定律可应用于语言学，而语言学则限于大量人类学事实中一个清晰界定的领域。[②]

136 社会结构——从列维·斯特劳斯到罗兰·巴特

准确地讲，第一个进入索绪尔开创领域的是诞生于 1908 年的法国人类学家克洛德·列维·斯特劳斯（Claude Lévi-Strauss，1908—2009 年，法国人类学家、哲学家、结构主义创始人之一 ——译者注）。他也可能是和当今结构主义在文化分析领域传播联系最为紧密的人。列维·斯特劳斯 20 世纪 30 年代在巴西任教期间曾在南美旅行，后来的著作主要源于这个时期在

① Richard Kearney, *Modern Movements in European Philosophy*, Manchester University Press, Manchester, 1986, p245.

② Ferdinand de Saussure, *Course in General Linguistics*, Wade Baskin, translator, McGraw-Hill, New York, 1966, p16.

该区域的经历。列维·斯特劳斯在他早期的作品，如出版于 1955 年的《忧郁的热带》（ Tristes Tropiques ）中写道，对他影响最大的三种理论分别是：地理学原理、马克思主义和精神分析。他声称这三种理论都认为"真正的现实从来都不是那些看起来最明显的"[①]。所有这些实践的原理，即表面效果由内在结构影响无形决定，这将会是本书第五章重点探讨的内容。现在看来，是语言模型为列维·斯特劳斯的工作提供了结构支撑，因为和索绪尔研究语言一样，他也在找寻一个"异化"的系统来研究社会。社会作为人类学的研究对象，随着时间流逝变化很小，这使得列维·斯特劳斯能够像索绪尔当年研究语言一样将社会"同步"分离出来。

在 1949 年面世的《论亲缘关系的基本结构》一书中，列维·斯特劳斯将他的"同步化"模型应用于研究多个所谓原始文化中的婚姻法则。初看起来，这种应用显得多少有点不合时宜，因为家庭单位的组成不是这些婚姻法则的主要表达方式。可列维·斯特劳斯却认为这种关系由一些自然法则主宰，即为社区提供某种秩序和结构的一种复杂的密码和禁令系统。通过这种方法，他证明亲缘关系通过"代表"的形式发挥作用，这种"代表"是一个社区用来描述自身结构的一种标志性语言。根据这种暗含的密码，一个部族可保持某种程度的秩序，每个决定和行动总是和更大的格局相连。和传统人类学的核心家庭单位作为社会基本组成单元的以客体为中心的研究方法不同，列维·斯特劳斯追随索绪尔的思想，通过家庭单元之间的关系来研究人类学。他注意到部落中的通婚方式总是遵循特定的交换程序以产生超越家族之间直接父子关系的其他一些重要关系，如父母 / 姊妹，子女 / 表亲等等。作为维护这种秩序的一部分，女性总是婚姻中被交换的一方，类似的关系在其他部落也是惯例，如礼品交换、贸易和宗教实践中随处可见。对列维·斯特劳斯而言，这种规律有悖于解释自然结构的本意，例如社区是世界的缩影和生产是创造的隐喻。

列维·斯特劳斯在其最具代表性的著作，1958 年出版的法语论文集《结构人类学》中详尽地论述了这个问题。该书中，他将文化活动分析作为一种表达方式的想法推而广之，涉及神话、魔术、宗教和艺术的结构分析。在强调内在秩序问题上，特别在意义诞生于基本单元组成系统的方式这一想法上，该著作和他先前关于亲缘关系研究的著作交相辉映。和索绪尔用音素或声音单位来分析语言不同，列维·斯特劳斯认为信码是一个故事的

---

① Claude Lévi-Strauss, *Tristes Tropiques*, John and Doreen Weightman, translators, Penguin Books, New York, 1992, p57.

意义单元。列维·斯特劳斯承认，就语言本身而言，每个信码的符号学意义并不重要，因为许多神话并不存在什么深刻的文学意义。重要的是这些信码单元组成故事的方式，以及他们参与的某些特定情节存在或缺失和事件前后顺序的变换。列维·斯特劳斯通过分析俄狄浦斯（Oedipus）的神话来演绎其理论，他首先验证了故事中的一系列主题通过人物的表演来展开，然后特别强调了神话中力图表达的一系列冲突，如文化和自然之间，男人和女人之间，婚姻和血缘关系之间，以及普遍的神秘事件，如生与死和人类的起源等。神话故事经常强调这些基本困境的事实昭示了其醉翁之意不在酒的真实意图，即要像艺术作品一样，从混乱的世界中找出有意义的东西。这种将规律和日常生活体验重叠起来的主体和应用精神分析解析梦境如出一辙。

和其后的精神分析学应用精神分析原理解决精神困境类似，列维·斯特劳斯认为神话也是一种力图解决上述各种对立冲突的解释或介导工具。这种主题通常由故事中的某一角色展开，譬如北美印第安人神话故事中的骗子角色。这种骗子是常人和神灵的结合体，常以不同扮相出现，并通过其存在形式的不停切换来证明神秘事件的存在。在宗教传统中同样可见这种中间人物作为有效解释工具的影子。比如希腊神可化为各种人形来介入人类的日常生活，耶稣和天使拥有传达上帝旨意的圣使外貌。正因为这些形象能在不同世界随意转换，他们明显矛盾的经历才能够被解释得通。

对于这种原始主题在无数个人神话中出现，列维·斯特劳斯的宏伟目标是为它们提供一个通用的解释模版。正是这种对普适性的强调和以双反词作为意义单元，即使列维·斯特劳斯的方法很快显现出其影响，同时也暴露了其明显的局限性。由于神话故事中的原始主题限制了它们和语言内在结构相关部分的潜在意义，从而也明显地限制了其表达的可能性。这种对处于统治地位且具有自由思想的人的个体"变换"，是后世哲学家们经常强调的结构主义理论对世界的影响之一。列维·斯特劳斯研究文化时的绝对决定主义方法似乎源于他对现象学和存在主义的过度反应，他对两者强调个体体验十分不屑，力图寻找一种更为客观的方法来分析和解释现实。和胡塞尔类似，他所追求的绝对"严格"的科学决定了他对意义"重要"结构的研究也仅仅是个孤立的研究而已。

回溯并梳理体验的社会学文脉已成为近代许多受结构主义影响作家的任务。在这些人当中，最为大胆的当属法国批评家罗兰·巴特（Roland Bathes，1915—1980年，法国文学评论家、社会学家、哲学家——译者注），其最近的作品深受结构主义对解构的影响。正如列维·斯特劳斯业已证明语言学模型可应用于如姻亲规律、宗教仪式、食物准备等等社会实践一样，罗兰·巴特不但将这种思想拓展到现代文化范畴，并指出了其对我们理解符号系统的政治意义。同时，通过词语分类或其在句子中的位置这两种不同的方式注释词语，罗兰·巴特扩大了列维·斯特劳斯对符号传达含义的分析。根据他的理论，词语作为一个连续链或顺序的一部分，它们的意思一方面由其所在位置，上下文内容及和同一句子中其他词语的关系所决定；另一方面，我们也可以从词的类别、种属或系统中存在的如代名词、动词或形容词来理解它们的意思。这种释词法在饭店菜单中表达得淋漓尽致，比如点单既可看作大餐的一部分，又可简单的叫作开胃菜，主食和饭后甜点。表1显示了罗兰·巴特分析的正式版，并将反映"组合"（或顺序）阅读法的各种重要实践和"系统"（或范畴）阅读法进行对比。① 列维·斯特劳斯采用了罗兰·巴特在这里应用的方格结构，特别应用于他晚期对科学、逻辑学和神话的复杂性分析中。

表1

	系统 System	组合体 Syntagm
衣服	组件、部件或零件，在身体的同一部位不可能同时选用全部零件；零件的不同选择与服饰的意义相对应：如无边女帽、女便帽、宽边女帽等	同一套服饰中不同元素的并置：如：裙子、衬衣、背心
饮食系统	类似的和不类似的饮食集合，其中必有一种选择具有特别意义：如各种正餐菜、烧烤或甜点	就餐时的实际上菜顺序：这就是菜单
	餐馆的菜单具有两种层次的理解：如沿横向浏览就是菜肴系列的系统，沿竖向浏览就相当于选择组合	
家具系统	同一种家具（如一张床）的不同"风格"组合	同一空间内并置的不同家具：床、衣柜、桌子等
建筑系统	一座建筑中某个元素的不同风格组合：如各类形式的屋顶、阳台、大厅等	沿水平布置在整个建筑的各类细部

"Syntagm and System", after Roland Barthes, *Elements of Semiology*, p.63.
附表翻译参考罗兰·巴尔特著，李幼蒸译. 符号学原理. 北京：生活·读者·新知三联书店：150.

和列维·斯特劳斯相反，罗兰·巴特采用"虚构"来代表"意识形态"并以这种隐蔽的方式来奉迎经济和政治强权。这种隐蔽过程背后的想法我们将会在第五章着重讨论，目前最重要的是要认识到罗兰·巴特还有另外一招，即质疑列维·斯特劳斯语言学模型的决定性原则。通过回到符号的

① Roland Barthes, *Elements of Semiology*, Annette Lavers and Colin Smith, translators, Hill and Wang, New York, 1968, p63.

本质以及能指与所指之间的武断性联系，罗兰·巴特挑战了列维·斯特劳斯有关文化静态论的提法。他认为如果是传统认可的符号，那符号一定会被改变，忽略语言的历史因素就会导致自然和文化的迷失。正如他在1957年出版的《神话学》文集中所说：

> 这种反思往往开始于对报纸、艺术和大众经常"自然"地打扮现实的那种不耐烦情绪，即便它的确是我们的真实生活，也毫无疑问是由历史决定的。我讨厌看到人们在每一个转折点上都把历史和自然混淆，我想追踪那些我个人认为隐藏在"不言而喻"华丽外表下的对意识形态的滥用。①

罗兰·巴特对日常事务中政治暗流的探究反映在他对诸如掰腕比赛、《时尚》杂志、塑料制品展以及新的雪铁龙DS系列汽车等各种事件的思考。根据每个事物都是一个符号和每个符号必是一个分系统的原理，罗兰·巴特认为对所有事物进行严密的原件分析都具有同等价值。我们经常会莫名其妙地被各种各样的我们自己所代表的网络所封锁，盼望出现像德里达"文外无他"著名论断的情形。罗兰·巴特不仅论证了这种文化文本（包括建筑作品）的重要性，还在他后期工作中记述了解读这些文本的工具。正如他在1967年一篇有关城市的演讲文稿中所述：

> 让我们重新审视维克多·雨果的"城市是一件作品"的提法。那些推动城市进步的人，比如城市的使用者（比如我们每个人），都是城市的读者，是一群通过自己的义务、行动、合理的表达方式来默默发挥各自潜力的人。②

城市的这种动态参与，好比阅读现代主义文学，罗兰·巴特认为为它提供了一种可能对抗社会意识形态的机制。他的攻击对象之一便是作者、读者间文学对立的观点，该观点认为作者创造意境，而读者只能被动地接受和解读这些意境。现代主义认为写作和城市一样是一幅拼贴画，罗兰·巴特同样认为受启发的读者在阅读过程中可充当动态经纪人的角色。在他1968年出版的著名的《论作者的死亡》一书中，他对意境的"不确定性"

---

① Roland Barthes, *Mythologies*, Annette Lavers, translator, Harper Collins, London, 1973, p11.

② Roland Barthes, "Semiology and the Urban", in Neil Leach, editor, *Rethinking Architecture*, Routledge, London, 1997, p170.

产生的后果有如下论述：

> 我们现在知道一段经文并不只是一串释放"神学"意义的文字（阿瑟王的信息），而是一段包含各种毫无原创性，相互混杂和碰撞的多维写作空间。经文是从无数文化中心获取的一系列语录的集合。[①]

换言之，我们的每个讲话从某种意义上说都是一种重复，我们所讲的话在我们存在之前已经存在，甚至像海德格尔所言：语言"因人"而讲。

罗兰·巴特的思想仍然沉浸于斯特劳斯的有关符号武断性的论述，并允许通过对意境的即兴注释来打破"原理、科学和法则"[②]的极权主义论调。正是在这点上，罗兰·巴特呼应了德里达 1967 年在《语法学》中所鼓吹的解构主义的主旨。如罗兰·巴特在同一篇文章中再次强调句法"结构"时所述：

> 种类繁多的写作，需要有所解脱，无需对任何事情进行解释，追随结构，在每个点和面上奔跑（就像袜子上的丝线），其后可以是空白：写作空间需要组织，而不是碎裂化，不停地写作注定内涵不停地蒸发，从而产生一个自然而然的系统。[③]

在罗兰·巴特看来，命中注定结构主义本身已变成了另一个神话，他希望质疑结构主义的限制性假设，比如对二元对抗的依赖。这种想法延伸到解构主义，成为我们现在提到的后结构主义学说。这种学说来源于早期哲学，而不是像有些误导标记所称的抛弃。另外一些结构主义倾向的领域将会在第五章涉及，也包括斯特劳斯的三个源泉中的两个——马克思主义和精神分析。

---

① Roland Barthes, "The Death of the Author", in *Image-Music-Text*, Stephen Heath, translator, Noonday Press, New York, 1988, p146.

② Roland Barthes, "The Death of the Author", in *Image-Music-Text*, Stephen Heath, translator, Noonday Press, New York, 1988, p147.

③ Roland Barthes, "The Death of the Author", in *Image-Music-Text*, Stephen Heath, translator, Noonday Press, New York, 1988, p147.

建筑中的符号学——意义的重新审视

所有这些学说，结构主义和建筑"语言"给我们留下了什么？一个可能的联结点，正如罗兰·巴特建议的，是将城市作为一个隐喻。而将建筑物作为和其功能相连的一个符号系统这个具体问题，则留给了意大利作家翁贝托·艾科（Umberto Eco，1932—，意大利哲学家、符号学家、评论家和小说家——译者注），他在这个问题上有冗长的著述。艾科在日常生活的符号系统问题上和罗兰·巴特有着相似的兴趣和研究，特别是在讲述流行文化的存在原旨问题上。在一项开始于 1973 年的研究中，随着美国总统尼克松的下台，艾科对尼克松辞职演说的叙述结构作了详尽的分析。这篇叫作"撒谎策略"的文章将尼克松演说和童话的模式作了对比，并将其中的人物和情节作了列表，像斯特劳斯解释俄狄浦斯的神话一样。[1]

在专门论述建筑的文章"功能和符号：建筑符号学"一文中，艾科论述了一个更为模糊的问题，即建筑元素如何表达其功能。他吸收了语言学中有关表意和隐义的区别，将这个问题分为首要和次要功能。前者代表了字面意思，即文字的意思或作何描述，后者则通过讲话的方式包含更含蓄的关系。在日常生活中，字面意思是主流，比如说事实和信息的交流，但在诗歌语言中，因为信息是第二位的，所以隐义则更重要。在这两种形式共存的实际生活中，类似的分割就显得过于简单了，因为语言从来就不是交流中的中性工具，诗意化的那部分会经常侵入。艾科在另一篇有关建筑的文章中承认了这种情形，如 1967 年的世博会，他认为那个亭子就颠倒了其功能，因为其隐义取代了其表意。世博会的亭子颠倒了首要和次要关系，或功能和象征形式的正常关系，因为这些亭子除了象征主办者的意图外并没有功能。这个结论是基于以前对建筑符号的定义作出的，比如楼梯的字面意思就是为爬上爬下提供可能。艾科写作中散发出的主旋律让人回想起罗兰·巴特有关即兴的符号，对一幢建筑的理解决不是建筑师所能控制的，就像作者不能预先决定读者读什么一样。艾科最后建议建筑师们必须为"变幻的首要功能和开放的次要功能"[2]而设计，以希望邀请使用者的创造性参与，或二次创作，就像罗兰·巴特对语言的建议一样。

---

① Claude Lévi-Strauss, "The Structural Study of Myth" in *Structural Anthropology*, Basic Books, New York, 1963, pp206–231.

② Umbeno Eco, "Function and Sign: The Semiotics of Architecture", in *The City and the Sign*, Gottdiener and Lagapoulous(eds), Columbia University Press, New York, 1986, pp 56–85. Reprinted in Neil Leach (ed.), *Rethinking Architecture*, Routledge, London, 1997, p200.

　　尽管从语言到建筑的转换有许多不确定因素，这种思想还是对建筑理论产生了巨大影响。这种思想从根本上证明了了解读者眼界的作用，而以前这种作用在现代主义强调功能规范时被忽略。从 20 世纪 60 年代起，社会重新关注建筑意义，即住户如何理解建筑以及历史在解读过程中的作用，而不是先分析用户的要求，然后让技术来完成其他。各种来源的一系列重要书籍强调了现代主义主流中一个类似的缺点，其中包括因为建筑形式表达的贫乏，而导致建筑和使用者之间缺乏参与。这些书籍中的第一本，罗伯特·文丘里（Robert Venturi，1925—，美国建筑师——译者注）的《建筑的复杂性和矛盾性》，力图重新评价他个人认为被现代主义压制的建筑中的历史教训。意大利人阿尔多·罗西（Aldo Rossi，1931—1997 年，意大利建筑师——译者注）的《城市建筑学》* 一书也于 1966 年问世。在这本书中，城市形式被认为是一系列的基于原先建筑连续转换的历史阶层。罗西的书直到 1982 年才被译成英文，但他本人的研究在其著作出版的同时已经蜚声国际。《城市建筑学》在 20 世纪 70 年代早期被译成西班牙文和德文，同一时期诞生的另一个里程碑式的研究，是 1975 年作为杂志文章出现，后来又成为柯林·罗（Colin Rowe，1920—1999 年，美国建筑师、历史学家、批评家和理论家——译者注）和弗瑞德·科特（Fred Koetter）共同撰写的《拼贴城市》**。他们的研究正如罗兰·巴特对文学的分析一样，也同样把传统的城市看作是一层又一层可重新书写的羊皮纸。

　　这些作家在建筑中所寻找的历史深度在新的功能城市中化为乌有，后来者的目的不仅仅是保护建筑，而是要用翻新的方法，以求在当代内容下建造新的建筑。对现代主义基本原理重新评价的影响打开了建筑中的语言学方法，重新强调形式和意义之间关系的可能性，在这段时间激发了很多人的极大的兴趣。

　　作家勃罗德彭特（Geoffery Broadbent）对这一过程作了很好地总结，在发表于 1978 年建筑设计杂志上的"建筑符号理论导读"一文中，他对这个领域的主要人物以及他们复杂的术语作了系统处理。他应用索绪尔对句法和语义的划分法将影响建筑的两大领域作了区分。他论述了这两个领域如何可以各自独立地追求并导致相反的表达形式。第一种，建筑的句法学观点强调建筑的结构，其遭到摒弃是因为其密闭的活动，过分专注于正式组合的规范，从而忽略了建筑的真正含义。这种批判性评论的缺点将会在后

---

*　中文版由中国建筑工业出版社于 2006 年出版。——编者注
**　中文版由中国建筑工业出版社于 2003 年出版。——编者注

面详细讨论，现在我们先看勃罗德彭特结论的优点。他认为正如语言不能脱离语义空间一样，建筑也不能脱离其含义。即使所谓的中性建筑也不可避免地会携带一些含义。

这种语义学趋势在建筑学中的第一轮表现，是发表于 1969 年的一系列由查尔斯·詹克斯（Charles Jencks, 1939—，美国建筑评论家、景观设计师——译者注）和乔治·贝尔德（George Baird, 1939—，加拿大建筑师——译者注）共同编辑的关于"寓意和建筑"的文章。詹克斯继续领导将语义学参考应用于建筑，成为今天我们讨论的后现代主义建筑的语言基础。罗伯特·文丘里大概是第一位明确应用这种理念的建筑师，并不自觉地在其建筑作品中"借用"历史形式的建筑师，在他 20 世纪 60 年代早期作品中，这种借鉴还很抽象，比如为他母亲在费城附近的房子门厅所设计的拱门。但在他后期的作品中这种借鉴尤为直白，比如在伦敦国家陈列馆塞恩斯伯里展览室（Sainbury Wing）中壁柱和埃及式的装饰。把这两种极端形象统一在一起的是对符号的独断性使用，罗伯特·文丘里在他的文章里将这种理论翻译成一种奇特的建筑学理论。在任何事物都能被用来表明其特定用途的基础上，他认为现代主义通过特定形式表达内容的原理有问题。在他的鸭子和装饰的小棚子的著名速写中，文丘里证明建筑可以同时既表现形象又不破坏它的功能表达。文丘里积极倡导应用符号，而不是建筑形式来表达建筑内在的特点，这种理念在他设计的拉斯维加斯酒店中可见一斑。他觉得现代主义过于折中的强调功能，应该到了向商业化建筑学习交流技巧的时候了：

> 将自己局限于熟练的应用纯粹的建筑学元素，如空间、结构和程序，当代建筑师的作品已经变得干枯、空洞和无趣，最终变得不负责任。更可笑的是，今天的现代建筑，在明确拒绝象征主义和轻浮贴花装饰品的同时，将整个建筑扭曲成了装饰品，本想用熟练代替装饰，结果自己已经变成了鸭子。[①]

为了克服他认为的现代主义中功能表达和功能操作的折中，他试图通过让这两者脱钩来满足各方面的需求，即产生一种功能性"构件"和表达性装饰。这种想法在分离两种功能的同时加入了诚实性，产生了一系列以表面话语为特点的建筑。文丘里接受了建筑师经常只能控制建筑表面皮肤

---

① Robert Venturi et al., *Learning From Las Vegas*, MIT Press, Cambridge, 1997, p103.

图 4-1　文丘里与洛奇，宾夕法尼亚州富兰克林法院，1973—1976 年（Neil Jackson 拍摄）

图 4-2　文丘里与斯科特·布朗，伦敦国家美术博物馆圣斯布里厅，1986—1991 年（Neil Jackson 拍摄）

119

图 4-3 文丘里与斯科特·布朗，普林斯顿大学胡应湘大楼，1980—1983 年（Neil Jackson 拍摄）

的观点，他将建筑表面作为展示花样的屏幕。如建于 20 世纪 80 年代早期的普林斯顿大学的分子生物实验室（Wu Hall）以及建于 1978—1979 年间费城的 ISI 大楼，都有这种表面装饰方法的影子。另一个玩虚无，意指在本杰明·富兰克林故居上修建的概念性的纪念馆，建筑师没有恢复故居的历史风貌，而是用白漆喷涂的钢架勾勒出它的外形。这是一个试图否认其物质基础的极端建筑的例子，夸张地表明其只想谈及其他事情。

这种将建筑还原为装饰的问题在于仍将人居住所概念局限在是用于庇护的内部空间。另一个试图摆脱这种困境，并和文丘里一样关注历史的建筑师是美国人迈克尔·格雷夫斯（Michael Graves，1934—，——译者注）。格雷夫斯在 1972 年那本《五位建筑师》出版之后成为 20 世纪 70 年代最著名的纽约 5 人组之一。很矛盾的是，在这个舞台上，他的作品却显示了明确的"句法学"取向，其中的大部分让人回想起 20 世纪 20 年代的现代主义形式的复苏。以柯布西耶的"纯粹主义"风格的别墅中抽象的几何语言为开始，格雷夫斯开始试验性地在其作品中加入颜色和片断图像。

在从罗马的美国学院学习一段时间后，以及受到同事彼得·卡尔（Peter Carl）现象学的影响，格雷夫斯的建筑作品也开始包含比较明显的引申元

图 4-4　文丘里与斯科特·布朗，普林斯顿大学研究实验室，1980—1983 年（Alistair Gardner 拍摄）

图 4-5　文丘里与斯科特·布朗，宾夕法尼亚州科学信息研究院，1978—1979 年（Alistair Gardner 拍摄）

图 4-6 迈克尔·格雷夫斯，肯塔基州路易斯维尔市休曼那大厦，1982—1986 年（Jonathan Hale 拍摄）

图 4-7 迈克尔·格雷夫斯，肯塔基州路易斯维尔市休曼那大厦，1982—1986 年（Jonathan Hale 拍摄）

素以及明确的对历史文献的借用。在和他的建筑作品同时发表于 1982 年的文章中，格雷夫斯用语言作类比来说明他对建筑内涵的兴趣。通过区分日常用语和语言的诗歌特性，他呼应了勃罗德彭特对句法和句式的划分：

> 将这种对语言的划分应用于建筑时，有人会说建筑的标准形式具有共性或内在语言……由实用主义、结构和技术要求而决定。恰恰相反，建筑的诗意化形式是对建筑物外部世界的应答，并加入了社会性三维表达的神秘和仪式感。[①]

格雷夫斯承认这两种意义都很重要，但他更集中于后者，主要是表达

① Michael Graves, "A Case for Figurative Architecture", in Wheeler, Arnell and Bickford, editors, *Michael Graves: Buildings and Projects 1966-81*, Rizzoli, New York, 1982, pp11–13. Reprinted in Kate Nesbitt, editor, *Theorising a New Agenda for Architecture: An Anthology of Architectural Theory 1965-95*, Princeton Architectural Press, Princeton, 1996, pp86–90.

图4-8　迈克尔·格雷夫斯，加利福尼亚州圣胡安·卡皮斯特拉诺公共图书馆，1982年（Neil Jackson 拍摄）

图 4-9　迈克尔·格雷夫斯，加利福尼亚州圣胡安·卡皮斯特拉诺公共图书馆，1982 年（Neil Jackson 拍摄）

他对主流现代主义的蔑视。这种诗意的或外在的语言与其相连的阅读形式息息相关，其中最重要的是其引申和富于人性的参考。

格雷夫斯斥责现代主义对空间的疏远是由于缺乏这种参考，正如他所声称的建筑已不再是人类和其周围环境的中介：

> 这场现代运动之前的建筑师都详细论述了人和环境的主题。对一幢建筑的理解包括对与其相关的自然环境（比如地面就像地板）及一些类似人体的暗指（比如柱子像人）。这两种对建筑象征性本质的态度，部分可能源于缺乏科学的社会里对建筑元素的判断。即便是在今天，我们也需要这种隐喻来理解建筑叙述所包含的神话和仪式。①

建筑元素是可被命名的事物这一事实，如拱、柱和地板，意味着它们也可以让建筑的使用者作为一种地方的感觉被记忆。格雷夫斯觉得这种东

---

① Michael Graves, "A Case for Figurative Architecture", in Kate Nesbitt, editor, *Theorising a New Agenda for Architecture: An Anthology of Architectural Theory 1965-95*, Princeton Architectural Press, Princeton, 1996, p88.

西在现代主义抽象的几何形象里已经丢失，因为点、线、面已不允许这种解读存在。格雷夫斯建筑的缺点来自不同种类的抽象形象，这种形式规模上的突然变化破坏了传统的期望。而孱弱的构架贬低了建筑体量的特性，是历史形象的奇怪组合，造成了格雷夫斯理论肤浅的不现实基础。

语义学还是符号学——结构的意义

格雷夫斯的思想中有对现象学主题遥远的呼应，这就无怪乎舒尔茨对格雷夫斯的工作给予正面评价[1]。在1985年发表的有关建筑学引申的文章中，舒尔茨声称后现代主义的思想启示在现代主义中有所暗示。但在物质性这个问题上，这种比较显得苍白无力，要知道格雷夫斯大部分的工作是视觉表现和知识普及，是符号化而没有物质性结构主义原理的结果。另一种解释现代主义可能的连续性方式就是回到对建筑语言的语义学分析。大概在这一点上，一群晚期的现代主义著作也认为语言学将来的潜力仍然很明显。实际上，建筑中最早的结构主义表现在阿尔多·凡·艾克（Aldo van Eyck，1918—1999年，荷兰建筑师——译者注）的现代主义著作中已初露端倪。这位在英国接受教育的荷兰建筑师写作兴趣广泛，也是我们在第一章提到的战后建筑师 Team X 团体中的一员。凡·艾克和其他 Team X 团体在20世纪50年代对现代主义城市中抹杀历史的趋势进行了强烈批评。凡·艾克没有因为感情和思乡而保留历史性的建筑，而是试图寻求隐藏在这些传统形式下的基本原理。通过鉴定旧式建筑的共同特性，他希望达到一系列超越时间的永恒正式原则：

> 人类毕竟在这个世界上生活了上千年，我们的智慧在这段时间里既没有增加也没有减少。很明显，要想把握这种大量环境体验的全局，除非用望远镜来观察历史，否则根本办不到……我讨厌用感伤的文物收藏家一般的态度来对待历史，同时也讨厌用感性的技术论专家的角度来看待未来。这两者都是用静止的、机械式的看法来看待时间（文物收藏家和技术论专家的共性），让我们开始对历史做个改变来揭示一些人类亘古不变的情形。[2]

---

[1] Christian Norberg-Schulz, "On the Way to Figurative Architecture" in *Architecture: Meaning and Place, Selected Essays,* Rizzoli, New York, 1988, pp233-245.

[2] Aldo van Eyck, "The Interior of Time" in *Forum*, July 1967, pp51-54, quoted in Kenneth Frampton, *Modern Architecture: a Critical History*, Thames and Hudson, London, 1992, p298.

凡·艾克将这些正式的原理提炼出一个"孪生现象"的概念。呼应索绪尔关于语言本质上是一个异化系统的分析。在凡·艾克的例子里，这种差异是基于建筑空间的质量，并由一系列反义词组所构成。如开 / 关、暗 / 明、内 / 外、虚 / 实以及统一 / 分散等。凡·艾克认为这些词组都是不可分割的。建筑师应作为实践者，应保持这种二元平衡：

> 这些孪生现象一起形成了建筑学这张网络中变幻的脉络和一些组成成分。它们中的每一个尽管不同，但又无时无刻不在一起，这才是要点所在。它们互相也向对方开放，远没有达到互相排斥，独立存在的地步。它们需要融合，彼此向对方学习。平等是它们的最大公分母。实际上它们在本质上是互补的而不是矛盾的。[①]

最能体现凡·艾克结构主义方法的大概就数他 1960 年在阿姆斯特丹郊外设计的一座孤儿院了。这座建筑体现了凡·艾克将"句法学"方法引入建筑学的可能性，即用较少数目的元素组成一个复杂的空间。开发用来满足居住需求的基本模块用来重复和重组，从而制造一种有趣的空间序列。行车路线和空间自大门处重叠，主题在内外的院落和满高度玻璃墙体应用中得以彰显。

由于其建造部件的可重复性以及重复单元的强烈美学效果，这种方案保持了批量生产的早期现代主义工业化建筑质量。凡·艾克早年的同事，一位深受结构主义思想影响的荷兰建筑师赫尔曼·赫茨伯格强调了这一问题。对赫茨伯格来说，问题的核心在于如何让建筑的使用者与建筑融为一体，如何避免这些句法结构式的抽象建筑语言让使用者产生疏离感。在 1974 年建造的森西比希尔保险公司办公楼，赫茨伯格也采用了和凡·艾克孤儿院建筑类似的重复性单元作为建筑模块。每个单元容纳了一系列方格呢地板的开放办公室，但这些空间自己是否真正成功还需要看建筑的使用者们如何解读：

> 我们找寻的对个人居住方式进行集体解读的模范居所必须是那种同样可以对集体居住方式进行个人解读的居住空间。[②]

---

① Aldo van Eyck, "Building a House" in Herman Hertzberger et al, *Aldo van Eyck*, Stichting Wonen, Amsterdam, 1982, p43.

② Herman Hertzberger, quoted in Kenneth Frampton, *Modern Architecture: a Critical History*, Thames and Hudson, London, 1992, p299.

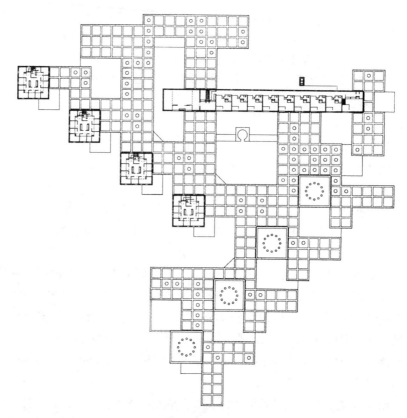

图4-10 阿尔多·凡·艾克,阿姆斯特丹孤儿院,1957—1960年,上层平面(作者临摹)

图4-11 阿尔多·凡·艾克,阿姆斯特丹市胡贝图斯单身母亲公寓,1973—1978年(Alistair Gardner 拍摄)

图 4-12　阿尔多·凡·艾克，阿姆斯特丹市胡贝图斯单身母亲公寓，1973—1978 年（Alistair Gardner 拍摄）

图 4-13　赫尔曼·赫茨伯格，柏林市利马屋，1982—1986 年（Alistair Gardner 拍摄）

图 4-14　赫尔曼·赫茨伯格，荷兰阿珀尔多伦保险管理中心办公楼，1968—1972 年（Alistair Gardner 拍摄）

图 4-15　赫尔曼·赫茨伯格，荷兰阿珀尔多伦保险管理中心办公楼上层平面，1974 年（作者临摹）

　　我们可将森西比希尔保险公司办公楼的基本结构看作一个可灵活解释的语言体系，每个个体单元作为言论，特定活动占据的一个空间是事件发生场所。同样是在乌得勒支音乐中心，赫茨伯格应用了类似的柱体系统，不同的是，这里的建筑师在基本单元的细节处理上更具表现力：

柱体系统形成了一个微小的重组系统，使建筑师在填充空间时拥有最大的自由度。也可用来协调一个高度复杂项目的不同部分。在保证一个统一的建筑系统的同时，柱体系统的应用可根据每种情况下的要求使得每一点都物尽其用。[①]

通过这种方式，他希望使用者和空间之间能产生一种基于个人"拓展"的周边环境，形成对个人身份的认同感，整幢大楼也鼓励这样。为协助这种延展的过程，建筑师提供了一系列线索，比如提供坐下休息的地方，陈列一些物品，运用一些可四处移动的模块化家具等，这些都是建筑师们力图鼓励被动的居民参与到他/她周围环境中的手法。和格雷夫斯选择提供相似的形式以及参考历史性符号的解决方案不同，赫茨伯格提出了一种通过亲自参与使用，使得建筑更为开放和动态的过程。使用方式产生的意义已在我们讨论语言时提及，但对建筑元素仍可争论，就如罗兰·巴特对埃菲尔铁塔的讨论一样。他认为铁塔就是彰显一个理想化"虚无"标记的技术基本元素，一个各种感觉能简单地牵强附会的"中性"的理想模型。巴特的"活跃"读者模型，可以参与到重新解读的创造性建造过程，同样适用于赫茨伯格的理想化居民——一个对建筑进行有效评论的助手。

格雷夫斯结构主义思想的符号学版本的另一种选择来自纽约5人组中的其他两位：理查德·迈耶（Richard Meier）和彼得·埃森曼（Peter Eisenman）。迈耶通过参与一系列博物馆和陈列馆建筑大项目，比如位于新哈莫尼的图书馆以及亚特兰大的艺术博物馆来继续发展他自己的基于白色形式的抽象几何学语言。这些后期的作品代表不同建筑体验，如同各类思潮"建筑漫步"，但在结构真实严谨和句法结构的运用上有所退步。另一方面，埃森曼却明确地运用了这些想法，如在其 House VI 中复杂的系统转换。埃森曼作品的基本原则与赫茨伯格作品中看到的非常相像，即形式的意义在最初都很模糊，但在赫茨伯格这里，建筑意义的重要性并不来自模式，埃森曼的作品在这方面则更显得不可捉摸。在赫茨伯格的建筑作品中，意义跟随功能，但在埃森曼作品里，功能跟随形式。正如他自己在那本《五个建筑师》书中对 House I 的描述：

① Herman Hertzberger, "Building Order" in *VIA*, No7, 1984, p41. Revised version included in Herman Hertzberger, *Lessons for Students in Architecture*, Ina Rike, translator, Uitgeverij 010, Rotterdam, 1991, pp126–145.

图 4-16　古斯塔夫·埃菲尔，巴黎埃菲尔塔，1889 年（Alistair Gardner 拍摄）

图 4-17　理查德·迈耶，印第安纳州新哈莫尼图书馆，1975—1979 年（Jonathan Hale 拍摄）

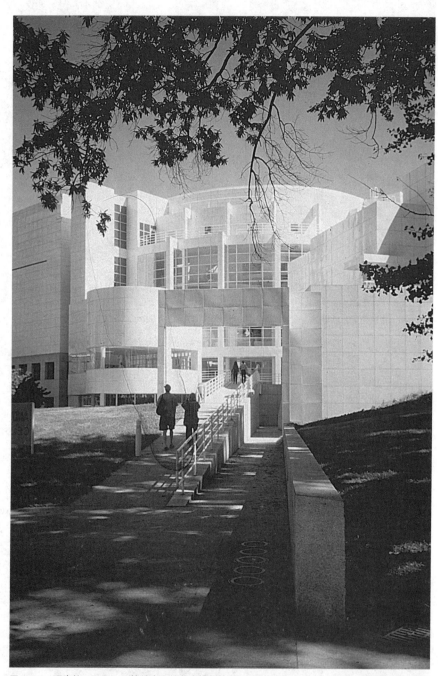

图 4-18 理查德·迈耶，亚特兰大高等艺术博物馆，1980—1983 年（Jonathan Hale 拍摄）

图 4-19 理查德·迈耶,亚特兰大高等艺术博物馆内环道,1980—1983 年(Jonathan Hale 拍摄)

House I 对现存的空间组织理念提供另一条思路。这里有一种假设，首先要找到内在逻辑形式的结果，能够使空间和形式产生一组正式关系的构造，其次，能精确地控制这些形式的逻辑关系。①

他接着讨论了建筑中真正的建筑结构和暗含的结构形式之间的区别，后者提供了一个潜在的深层次构造体系，他声称可以为建筑内涵提供新的解释可能。

通过早年的这些项目，他认为建筑是拥有自己内在的规律，并探索了形式结合的密码。句法产生的一系列变换组成了写作原理系统。正如一位批评家描述的这个过程：

> 埃森曼早期的作品体现了两个标准的结构主义原理：排除物质性和历史内含，再排除个人的主观意志，希望造成一种不被大多数人理解的表意建筑系统，可以预期个人，就像语言一样，是他或她的作品的几率比他或她是语言的产物的几率小得多。②

所以对外行来讲，解读埃森曼的密码非常困难，就像语言不可避免地遵从其内在规律一样。正如哲学家安德鲁·本杰明（Andrew Benjamin，1952—，澳大利亚哲学家、评论家——译者注）指出的③，这种预先存在的非个人结构的理念是传统思想的重要组成部分。正是因为他能够活跃地在如此深邃和广博的水平上参与到这种内在的历史规律中来，埃森曼得以产生一种基于建筑基本元素的更有意义的鸿篇大论。

在这里，后现代主义对这些思潮的重新评价同解构主义参与的传统会合。如埃森曼在建筑作品中以其抽象的语言所展示的，以及经过思维剥离后出现的"深层建筑结构"。这种内在力量的主体以及如何影响我们的理解将会在本书的第五章和结论中出现，在此首先需要注意的是他们作为建筑的政治性分析以及普通解读功能组成部分的作用。

---

① Peter Eisenman, "Cardboard Architecture", in *Five Architects: Eisenman, Graves, Gwathmey, Hejduk, Meier*, Oxford University Press, New York, 1975, partially reprinted in *Theories and Manifestoes of Contemporary Architecture*, Jencks and Kropf, editors, Academy Editions, London, 1997, p241.

② K. Michael Hays, "From Structure to Site to Text: Eisenman's Trajectory", in *Thinking the Present: Recent American Architecture*, Hays and Burns, editors, Princeton Architectural Press, New York, 1990, p62.

③ See chapter 2, above.

Suggestions for further reading 建议深入阅读书目

Background 背景介绍书目

Roland Barthes, *Mythologies,* translated by Annette Lavers, Harper Collins, London, 1973.

Roland Barthes,《神话学》, Annette Lavers 翻译, 伦敦 Harper Collins 出版社, 1973 年。

Terry Eagleton, "Structuralism and Semiotics", in *Literary Theory: An Introduction,* University of Minnesota Press, Minneapolis,1983,pp 91-126.

Terry Eagleton, "结构主义与符号学",《文学理论简介》, 美国明尼苏达大学出版社, 1983 年, P91-126。

Richard Kearney, "Ferdinand de Saussure", "Claude Levi-Strauss" and "Roland Barthes", in *Modern Movements in European Philosophy,* Manchester University Press, Manchester, 1986.

Richard Kearney, "F·索绪尔"、"C·L·斯特劳斯"、"R·巴特",《现代欧洲哲学思潮》, 英国曼彻斯特大学出版社, 1986 年。

Claude Lévi-Strauss, "The Structural Study of Myth", in *Structural Anthropology,* Basic Books, New York, 1963, pp 206-31.

Claude Lévi-Strauss, "神话中的结构研究",《结构人类学》, 纽约 Basic Books 出版社, 1963 年, P206-231。

Ferdinand de Saussure, *Course in General Linguistics,* translated by Wade Baskin, McGraw-Hill, New York,1966.

Ferdinand de Saussure,《普通语言学教程》, Wade Baskin 翻译, 纽约 McGraw-Hill 出版社, 1966 年。

Foreground 预习书目

Roland Barthes, " Semiology and the Urban", in Neil Leach(ed.), *Rethinking Architecture*, Routledge, London, 1997, pp 166-72.

Roland Barthes, "符号学与都市"; Neil Leach 编著,《建筑反思》, 伦敦罗德里奇出版社, 1997 年, P166-172。

K. Michael Hays, "From Structure to Site to Text: Eisenman's Trajectory", in *Thinking the Present: Recent American Architecture*, Hays and Burns (eds), Princeton Architectural Press, NewYork,1990, pp 61-71.

K. Michael Hays, "从结构到场所再到文本:埃森曼的印记",《当前美国建筑思考》, Hays 与 Burns 编著, 纽约普林斯顿建筑出版社, 1990 年, P61-71。

Herman Hertzberger, "Building Order" in *VIA*, No.7, 1984 revised version included in

Herman Hertzberger, *Lessons for Students in Architecture*, pp 126-45, translated by Ina Rike, Uitgeverij 010, Rotterdam,1991.

Herman Hertzberger,"建筑规则",VIA 杂志,No.7,1984 年;更新版本包含在 Herman Hertzberger 的《建筑学生课件》,P126-145,Ina Rike 翻译,荷兰鹿特丹 010 发行,1991 年。

Charles Jencks, *The Language of Post-Modern Architecture*, Academy Editions, London, 1978.

Charles Jencks,《后现代建筑语言》,伦敦学院出版社,1978 年。

Robert Venturi *et al.*, *Learning from Las Vegas*, MIT Press, Cambridge, MA, 1997.

Robert Venturi *et al.*,《向拉斯韦加斯学习》,美国麻省理工学院出版社,1997 年。

Readings 展读书目

Geoffrey Broadbent, "A Plain Man's Guide to the Theory of Signs in Architecture", in *Architectural Design,* No. 47, 7-8/1978, pp 474-82. Reprinted in Kate Nesbitt(ed.), *Theorising a New Agenda for Architecture: An Anthology of Architectural Theory 1965-95*, Princeton Architectural Press, New York, 1996, pp 124-40.

Geoffrey Broadbent,"普通人的建筑符号理论指南",建筑设计杂志,No.47,1978 年第 7-8 期,P474-482;Kate Nesbitt 编著,再版收录在《建筑理论重构备忘录:1965—1995 年建筑理论选集》,美国纽约普林斯顿大学建筑出版社,1996 年,P124—140。

Mario Gandelsonas, "Linguistics in Architecture", in *Casabella*, No.374, 2/1973. Reprinted in K. Michael Hays(ed.), *Architecture Theory Since 1968*, MIT Press, Cambridge, MA, 1998, pp 114-22.

Mario Gandelsonas,"建筑语言",Casabella 杂志,No.374,1973 年第 2 期,K. Michael Hays 编著,再版收录在《1968 年以来的建筑理论》,美国麻省理工学院出版社,1998 年,P114—122。

Michael Graves, "A Case for Figurative Architecture", in Wheeler, Arnell and Bickford (eds.), *Michael Graves: Buildings and Projects 1966-81*, Rizzoli, New York, 1982, pp 11-13.Reprinted in Kate Nesbitt(ed.), *Theorising a New Agenda for Architecture: An Anthology of Architectural Theory 1965-95*, Princeton Architectural Press, New York, 1996, pp86-90.

Michael Graves,"一个建筑隐喻的案例",Wheeler、Arnell 和 Bickford 编著,《1966—1981 年迈克尔·格雷夫斯的建筑与工程》,纽约 Rizzoli 出版社,1982,P11-13;Kate Nesbitt 编著,再版收录在《建筑理论重构备忘录:1965—1995 年建筑理论选集》,美国纽约普林斯顿大学建筑出版社,1996 年,P86-90。

在第四章，我们注意到结构主义模式在寻找如何影响我们理解思维的过程中留下的深层烙印。根据列维·施特劳斯，这位伟大的结构主义阐述家的理论，他剖析万物的特殊动机产生于三个截然不同的源头——地理学原理、马克思主义和心理分析。三者有共同的内在联系，这些深层原则操纵着各自表面事态的发展。本章会讨论后两者与建筑的关系，他们与结构主义思想的关联在许多方面都会日益彰显。在 20 世纪哲学发展历程中有三个重要的思想家都把结构主义理念融入他们自己的研究领域：路易斯·阿尔都塞（Louis Althusser，1918—1990 年，法国哲学家，"结构主义马克思主义"的奠基人——译者注）用于意识形态领域，雅克·拉康（Jacques Lacan，1901—1981 年，法国心理学家、哲学家、医生和精神分析学家——译者注）用于无意识的精神领域和米歇尔·福柯对权力观的结构化分析。以上三位哲学家都是法国人，也都在 20 世纪 80 年代谢世。

如果想感受以上理念相互纠结产生的深远影响，那么了解这些思想的产生背景非常重要。首先，就政治及对其掌控下建筑理论的影响的疑问，让我们不得不回视 19 世纪哲学"革命"的影响；其次，无意识的观念和无法预见的对我们社会行为的影响，特别是心理分析方式已经具有了一种政治背景。以上的两个领域如果简单叙述，似乎没有关联，我们通过以下的阐述来尝试对他们之间的联系进行细化的探讨。

关于建筑与社会的关系之争方面，主要议题是艺术的政治化潜在性，这通常是批判界的议题或者说是社会性议题。如同我们在第一部分所提出的观点，建筑是一门关于创新的艺术，这就可被暗示为是对技术决定论的批判，是对建筑作为"遮天蔽日"这一满足贫困阶层实际需要的目的不断衰弱而提出的一种抗议。从一个非常特别的政治角度来看，本章认为建筑在社会中的状态涉及西方关于资本主义自由民主思想在政治方面的主流地位产生的影响。在当前社会体系发展中，巨大的政治影响力渗透进大批的跨国公司，他们的介入体现为粗鲁而单一化的"文化"鲸吞。大型企业如迪斯尼、可口可乐和 Sky TV 等，快速地成为富于影响力的新的世界控制力中心，他们在全球散布媒体影响，威胁了当地文化的生存环境。在本章节，我指出社会责任通常是为了抵御这些全球化的强势压力，虽然意识形态各不相同，许多观念是"扭曲的"，而且被认为是政治艺术家的工作目标。

172 从马克思到马克思主义

思想智库的大师们认为艺术化作品的批判性在于暴露社会深层的政治结构控制体系和经济结构掌管能力，而绝大多数这些理论模型的最初来源都是卡尔·马克思的著作，还有关于其著作的最新注解者的演绎。其中的关键点是把建筑功能理念定位成是一种"居住"的模式，并通过自身的直接形象的冲击效果改变环境。如同马克思在其早期文章中指出的那样；"哲学家只是用各种方式'解释'世界，而他们的目的实际上是想'改变'它。"在讨论这些对建筑思想产生的广泛冲击之前，也为了了解马克思的著作、他的理论的产生动机及最近演绎产生的影响，我们需要解释一些他的主要理念。

在进入马克思主义哲学体系的学习之前，了解他所处历史阶段的思想氛围非常重要。他当时在柏林，是黑格尔哲学思想影响严重地区的一个学生。马克思是 1836 年到柏林的，那时哲学大师黑格尔去世五年。黑格尔从 1818 年起开始作为一名哲学教授执教柏林，留下了大量历久不衰的著作，至今仍然受到推崇。当时的马克思和一个叫"青年黑格尔学派"的团体热切地尝试巩固黑格尔思想体系的薄弱环节。我们在第一章看到黑格尔如何创立了一种哲学历史观，呈现历史的完整进程，并作为寻求绝对历史观的基础。黑格尔展示出历史进程背后隐含的"世界精神"，一种力图在可见物质世界形态中表现自身哲学模式的"理念"。黑格尔历史观的顶峰体现在他的哲学思维方面，作为"精神"领域的终极证明，它体现的是自我感知。这种唯心主义思想被接受在历史观研究领域中，成为黑格尔最伟大的哲学思想之一，也就是这个伟大的历史观哲学思想不久就吸引了马克思的注意。

马克思没有缝缝补补的去尝试完善黑格尔哲学思想系统，而是通过质疑其最基本的假设开始，对体系的基础发起冲击。他把哲学历史观当作一个枯燥的学院派理论加以分隔，区别出真实的历史事件为每天的具体情况和具体经验：

黑格尔主义哲学的历史观是最后结论性的，剔除了历史事件发展过程的"最佳表现方式"，使得我们纵观德国编年史，不是对真相探求，甚至不是对政治事件的质疑和历史热点的挖掘，只是纯粹的思想性思考结果，如对于圣布鲁诺（Saint Bruno，1809—1882 年，Bruno Bauer，德国哲学家、历史学家，马克思恩格斯的老师，由于哲学观点不同，其兄弟三人被马克思戏称为"神圣家族"——译者注）的思考，就是一系列的"思维信仰"演化过程，最后归结为是"自我意识"。①

这成为马克思主义思想的伟大核心，他努力地转变了黑格尔思想的方向，虽然他非常准确的描述只是基于对黑格尔思想的发展。他感觉出唯心主义者试图从思想领域建立哲学体系，于是他努力转变思维，建立了源于实践的思想体系。根据马克思的阐述，黑格尔只是单纯的颠倒一下历史的真实思维进程。于是他扭转了思维顺序，构建了一个非常接近真实历史事件的模式体系来映射历史。而且他还借用了黑格尔的辩证思维模式，描述历史事件的发生是思想意识与具体事件交互影响的过程。在黑格尔思想体系中这个过程导致了理念的升华，马克思认为这一进程转化为具体的物质条件。马克思的理念提炼为"辩证唯物主义"，虽然他自己只是命名这些为"历史的唯物观"。他生前出版著作不多，其中在 1859 年他的著作中写道：

> 通常是物质世界的生产方式决定社会、政治和意识发展的过程。不是人的意识决定他的地位，而是他们的社会地位决定他们的意识。②

马克思似乎认为，我们在社会活动中限制个人主义，是因为一个无法透视的社会结构体制的存在，明显地限制了自由思想的潜在发展。在下面与语言结构体制概念模式的对比中，马克思认为这种决定过程可以出现：

> 在社会生产关系发生作用的过程中，人们处于明确的相互联系状态，这是不以他们个人意志为转移的，不可或缺和不可避免的，生产关系与物质生产力的特定阶段相对应。这些生产关系的

---

① Karl Marx and Friedrich Engels, *The German Ideology*, reprinted in, *The Marx-Engels Reader*, Robert C. Tucker , editor, Norton & Company, New York, 1978, p166.

② Karl Marx, Preface to *A Contribution to the Critique of Political Economy*, reprinted in, *The Marx-Engels Reader*, Robert C. Tucker , editor, Norton & Company, New York, 1978, p4.

总和构成社会经济结构，这是真正的基础，在此基础之上，产生出一个法律和政治的上层建筑，而后协调发展成确定的社会意识形态。[1]

以上是现在关于"经济基础和上层建筑"模式的经典描述，也是列维·施特劳斯对历史基本概念如此迷恋的一段叙述。两部分的基本内容是，首先是"生产力"，物质原料、机器和劳动力是生产工业产品的必需；其次，第二部分是"生产关系"，是生产过程中的相互关系，如典型的资本主义等级制度的金字塔结构。

根据马克思的研究，上层建筑产生于经济基础，也决定于经济基础。它包括社会生活方式、政治制度和法律机构，共同形成了社会的"意识"。到底是什么原因让马克思认定这个模式的存在至今仍然是许多学者争论的焦点。马克思还提出了两个基本阶层的一种直接联系，他说："手工面粉厂个人阶层与封建领主有一种社会关系，蒸汽机必然与工业资本家有一种社会关系。"[2] 这就表现出马克思理论中的关于历史进程描述的有些讽刺意义的成分，他的经济基础和上层建筑之间的关系比最初的叙述要复杂许多。其实马克思理论要求哲学家改变社会的原因背后存在一个问题，这是一个社会阶层剥削另一个社会阶层的结论。在马克思主义理论模式中，一个控制了经济基础的阶级也就控制了上层建筑，在资本主义条件下，就意味着工人阶级只与他们的生产关系紧紧相连。在资产阶级控制的上层建筑产生的社会制度情况下，工人是被防止得到任何关于他们受到剥削的信息的。这些情节的多种推断在马克思理论模式中逐步展现，他开始提出基于自身历史进程分析的革命可能性。他发现，过去的社会发展历程中，一旦社会系统内部的"矛盾"爆发到表面上，特定的社会制度将会崩溃。就像他在其著名的《共产党宣言》开始部分的叙述：

> 至今一切的历史都是阶级斗争的历史。自由民和奴隶、贵族和平民、领主和农奴、行会师傅与帮工，一句话，压迫者与被压迫者，始终处于相互对立的地位，进行不断的，有时隐蔽，有时公开的斗争，而每一次斗争的结果，不是整个社会受到革命改造，

[1] Karl Marx, Preface to *A Contribution to the Critique of Political Economy*, reprinted in, *The Marx-Engels Reader*, Robert C. Tucker , editor, Norton & Company, New York, 1978, p4.

[2] Quoted in David McLellan, *Karl Marx*, Penguin, New York, 1975, p40.

就是斗争中的各阶级同归于尽。①

除了一个阶级对另一个阶级的不断剥削，现代社会里，一种新型的危险性情况在体系内部也逐渐产生。作为资本主义生产关系不断分化的结果，一种工业化时期的新型工人与具体工业运作过程"分离"。随着工业生产过程被分隔为一系列的特殊组成部分，资产阶级已经剥夺了正常工作者与具体工作内容的些许实际意义上的联系。在马克思某些激情的描述中，提到了以前的一种生产关系：

> 假定我们以个人需求进行生产，每个人都会为自己和家人的生活所需生产出无需计算价值的产品。我们会客观的让产品价值满足我们个人的一般和特殊需要，两者都会在我们的生活中有活跃表现，还能让我们客观的愉悦的认识自己的个人能力，明显地感知自己，这样可以驱除任何疑虑。②

这一过程真正重要的意义在于可以激发个人的"自我创造力"，生产者的个人能力投入到他生产的产品中，这种存在主义理念也在威廉·莫里斯（William Morris，1834—1896 年，英国艺术与手工艺运动的领导者——译者注）的著作中被期待，他是英国的社会主义先驱和艺术与手工艺运动的领导者。然而，工业产品只是一种纯粹的无记名意义上的商品，可确定出其"交换价值"，而不仅仅是商品自身的"使用价值"，同时生产者成为价值体系中的修订者，成为劳动力价值的来源，而不只是单一的劳动者。

或许无须惊讶，马克思的政治观点一经提出就与学院派理论发生冲突，甚至发表他文章的一个期刊不久即被普鲁士政府关闭。1843 年他移居巴黎，以寻找更加积极进步的环境，在那里，他遇见了德国老乡，他一生的合作伙伴——弗里德里希·恩格斯。恩格斯当时一直为家族的纺织品生意在英国曼彻斯特工作，他给予了马克思第一手的关于资本主义生产运作的经验和许多财力上的支持。在巴黎，马克思的激进杂志受到了政府的更大阻力，这迫使他转到布鲁塞尔，直到 1848 年的德国革命开始。在布鲁塞尔他写下了著名的《共产党宣言》，帮助建立了共产主义同盟。德国革命 1849 年失败，

---

① Karl Marx and Frederick Engels, *The Communist Manifesto*, Eric Hobsbawm, editor, Verso, London, 1998, pp34–35.

② Karl Marx, *Economic and Philosophical Manuscripts*, quoted in David McLellan, *Karl Marx*, Penguin, New York, 1975, pp31–32.

他从科隆回到巴黎，最后安居伦敦直到去世。他的大多著作都在其 1883 年死后发表，除了他的研究成果《资本论》第一卷出版于 1867 年。

虽然马克思接受资本家为社会创造更多财富的观点，如生产力的发展带动了更多财富的增长，可是他注意到不公平的"生产关系"是没有道理的，认为这似乎是让少数人在自由地去剥削占绝大多数的劳动人民。他指出社会发展的最后阶段是一个"理想"的社会，没有阶级分别或是具破坏性的"阶级对立"。他预言一场社会革命会解决这些矛盾，创造一个全体人民共同拥有生产成果的新社会体制：

> 资本的垄断性成为生产发展模式的一种束缚，并在机体内部逐渐繁衍旺盛。生产资料的积聚和劳动力的社会化在资本主义体制内最终必然达到不可调和。这种体制就会爆炸破碎。资本主义私有财产的丧钟敲响了。[1]

马克思主义理论的遗留难点在于如何解释，为什么革命没有产生，为什么社会的矛盾因素还在平静共处。他引出的"意识形态"概念，解释这些情况的存在原因。正是如此，马克思的经济基础和上层建筑的模式成为他早期理论描述中的一个精妙的优秀范例，虽然不失为一种比喻：

> 如果在全部意识形态中人们和他们（自身存在）的关系就像在照相机中一样是倒置的，那么这种现象也是从人们生活的历史过程中产生的，正如物象在视网膜上的倒影是直接从人们生活的物理过程中产生的一样……甚至人们头脑中模糊的东西也是他们可以通过经验来确定的，是与物质前提相联系的物质生活过程的必然升华物。因此，道德、宗教、形而上学和其他意识形态，以及与它们相适应的意识形态便失去了独立性的外观。[2]

这些恩格斯称之为的"虚伪的意识"，是上层建筑提携的结果，确保社会对抗成为不变的自然法则，现状也由一种"神秘"主宰支持（非常接近第四章罗兰·巴特的描述）。这种神秘的力量压制着社会中的两大矛盾体，

---

[1] Karl Marx, *Capital, Volume 1*, reprinted in, *The Marx-Engels Reader*, Robert C. Tucker, editor, Norton & Company, New York, 1978, p438.

[2] Karl Marx and Friedrich Engels, *The German Ideology*, quoted in, David McLellan, editor, *The Thought of Karl Marx*, Macmillan, London, 1995, p159.

生产者与产品之间的矛盾，如今是一对"性质不同的"实体；而个人与社会的矛盾，则由于法律保护私有财产而存在。根据马克思的理论，劳动者意识到了剥削现象，因此革命行为被严格防范。

意识形态的概念显示出马克思主义思想中的自然辩证法成分，提供了对历史发展固定模式进行萃取的必然趋势。他的思想核心意图，不仅仅是质疑现状，再解释社会发展状况，而是询问人们的目的，是想先改变思想意识还是先从社会现状入手？根据马克思许多早期的具有人文主义思想的文章中的描述，其富于前瞻性成为一个哲学家的先贤本色。如何超越意识形态思维中的"幻觉"成分，以防止政治判断的迷失，成为最近马克思主义理论研究的一个主要议题，在品评文化社会活动中，作为暴露意识形态，进入批判过程的手段成为问题的中心。

马克思主义的诠释者——卢卡奇、葛兰西和本雅明 *179*

马克思的早期著作在 1930 年前后开始问世，其中的《经济学与哲学手稿》引起很大冲击。一位作家已经阐述了一些这些早期著作中的观点，他是匈牙利哲学家和文学批评家乔治·卢卡奇（Georg Lukács，1885—1971年——译者注）。卢卡奇反对经验主义"科学"，这是马克思主义的阐释，并在马克思去世后由恩格斯加以深化。根据托马斯·库恩（Thomas Kuhn，1922—1996 年，美国科学史家、科学哲学家——译者注）期望的经验主义范式原理，他写道：

> 狭隘的经验主义者想当然的否认客观实际情况，根据个人知识结构体系的不同而有不同描述。他们相信源于经济生活的每个统计数据、每个原始活动都是一个重大事件的组成部分。因而忽视了每一个列举背后的简单"事实"，哪怕缺少注解，他们也已经在暗示一个个"解释"了。[1]

这种机械主义的理解显示社会法律体系意见被认为超出人们的控制范围，卢卡奇重新确立了异化概念的重要性，并作为解释这种意识形态幻象产生缘由的方法。在他的《历史与阶级意识》（1923 年）一书中，他试图

[1] Georg Lukács, *History and Class Consciousness: Studies in Marxist Dialectics*, Rodney Livingstone, translator, Merlin Press, London, 1971, p5.

根据黑格尔哲学思路重新解释马克思主义理论，重新树立人类集体意识的创新地位。他定义了新词"物化"（定义为"深入事物本质"）用于解释人的意识在现代资本主义工业化发展进程中有哪些异化状况。这个概念镜像了马克思的商品"拜物主义"概念，只是类似的转化过程通过相反的方式产生。马克思认为，商品的异化劳动似乎让商品本身存在了魔力，就像许多古老宗教仪式中的拜物行为，赋予物体类似人类的能力。商品进入市场，实现交换价值，和其他商品一起成为"社会"关系的一个组成部分。马克思注意到这个过程提升了物品的社会性，同时劳动者从人类降格为商品。

卢卡奇用这些理念解释，为什么马克思主义后期思想开始扭曲，原因在于后期的思想者削弱了马克思主义理论中的人性因素。对于马克思理论预测的不可避免的革命行为，基于残酷的新型社会现状，需要人们有一定的思想意识变化。卢卡奇重新恢复了辩证法在两大体系中的定位，不过不是基于工人阶级的角度：

> 旧的直观想法是机械唯物主义者无法掌握无产阶级两面性，就是说其特质只能通过自身行为转换和解放，可以称之为"教育者必须进行自我教育"。客观的经济发展过程只能在商品的生产过程中为无产者提供位置。而客观发展历程只能给无产者以机会和需要去进行社会变革。任何的变革只能源于商品的自由生产活动，这是无产者自己的活动。[①]

对马克思主义历史观的"普遍"理念的进一步阐述来自意大利哲学家安多尼奥·葛兰西（Antonio Gramsci，1891—1937年，意大利共产主义思想家、意大利共产党创始者和领导人之一 ——译者注），他是第一次世界大战时期共产主义运动中的活跃人物。由于共产主义在战后的失败，20世纪20年代葛兰西被法西斯关押入狱。在狱中他被允许写作，编著成系列的《狱中札记》，于1937年他去世以后发表。葛兰西对马克思主义思想的贡献与卢卡奇相互呼应，尽管他只是就公共文化意识形态领域问题进行了深入研究。他用"霸权"一词描述普遍存在的意识形态现状，解释了马克思理论的"经济基础和上层建筑"理念简洁文字中所包含的意义。同时他深化了马克思理论两大模式的辩证关系，显现出上层建筑体制各部分最终是支

---

① Georg Luká cs, *History and Class Consciousness: Studies in Marxist Dialectics*, Rodney Livingstone, translator, Merlin Press, London, 1971, pp208-209.

持经济基础的。这些过程发生在思想层面，提供控制信息的传递，在各发展过程中起作用，能够左右人们的思维。根据葛兰西的解释，阶级利益会在文化现象中得到表现，并会把它们具体化为所谓的"自然"法则。这个第二自然性的出现，如同围绕社会的蚕茧，防止社会以外的任何人窥视其间，图谋不轨。如他在《狱中札记》中对社会中"教育"角色的叙述：

> ……其最重要的功能之一是提升绝大多数人的品位到一个特别的文化水准和道德层面，这个层面（或水准）能协调社会生产力发展需要，因而符合统治阶级的利益。学校是作为一种积极意义的教育机构，法庭则是强制性和被动意义的教育机构……（同时）事实上，众多其他所谓私人的主动和积极行为殊途同归，都是统治阶级的政治和文化机器氛围下的行为。[①]

另一个备受法西斯迫害的激进思想家是德国的沃尔特·本雅明（Walter Benjamin，1892—1940年，德国人，思想家、哲学家和批评家——译者注），20世纪30年代被迫避难巴黎。本雅明研究马克思主义理论，并关注大众文化领域，把巴黎拱廊街作为19世纪资本主义商品流通媒介进行了一个细致的研究。就像苏珊·巴克·穆斯（Susan Buck-Morss）研究本雅明未完成的书稿《拱廊计划》时的描绘：

> ……新都市魔幻商业的关键在于市场商品低于实际的展示价值，交换价值如同使用价值一样失去了实际意义，而纯粹的表现价值出现了。任何需要的东西，从性到社会地位，都能转换成商品，物欲的绚烂迷失人心，让人渴求无度。其实，一个骇人的高价标签只是在加强商品的符号价值。[②]

同时，拱廊的构造引发了以钢材和玻璃为主材的新建筑类型的发展，弱化了建筑内外空间的界定。这就完美的匹配了新"商品崇拜"状态，依靠类似的隔离消费者与消费品之间的关系，让人在新的拱廊街服务氛围中迷失自己，造成主体与客体之间的混淆。在《拱廊计划》中本雅明以妓女

① Antonio Gramsci, *Selections from the Prison Notebooks*, Hoare and Nowell-Smith, translators, Lawrence and Wishart, London, 1971, p258.
② Susan Buck-Morss, *The Dialectics of Seeing: Walter Benjamin and the Arcades Project*, MIT Press, Cambridge, Mass., 1989.

形象为例，阐述了一个卖方与产品复合体的特征。

本雅明还关注拱廊街里的一个重要居民，就是闲逛者，或叫城市"流浪者"，他们能够抵御橱窗商品的不断诱惑，似乎是无目的的游荡。本雅明指出这种行为是一种抵制商品社会的方式，认为如同闲逛者聚集了城市的印记，艺术家应该汇集"可提炼的"艺术品。他认为这就是他感觉中的所作所为，在其作品《拱廊计划》中，抒发了对这种风格的描述：

> ……尝试最大程度地归位历史原型的真实性，而以前这是受到忽视的。[①]

在其散文所表达的历史哲学观点中也具有类似的激进观点，推崇重大事件叙述的修订，或者说是"胜利者的历史"喜欢"遗忘"平常生活的内容：

> 根据传统惯例，宠儿在社会发展中受到溺爱。他们被称为文化财富，而一个历史唯物主义者认为他们是谨慎的超脱。这不是忽视他们的文化地位，只是发现了其并非能够无所顾忌地凝神思考。他们赋予自身的存在以与生俱来的伟大思想和天赋，还为同时代的人设定了难以逾越的门槛。文明发展的纪录同时也是野蛮进化的记录。[②]

在本雅明的有选择历史描述概念中，拱廊街的大众文化应该具有重要作用。那里有不明确的喧嚣，这在本雅明看来是介于传统"手艺"间的低吟，如同说书、绘画和地方戏，在开明政治引导的摄影及胶片新艺术处理下会有可期待的前景。同时在他的也许是唯一的也是最著名的杂文《机械复制时代的艺术作品》中有特别描绘。

183 "文化工业"批判——意识形态与法兰克福学派

与本雅明的"下层社会文化"研究相对的，是葛兰西对共产主义政党体制的高度投入，他的理念在战略性理论分析方面非常接近抽象的法兰克福学派的思想，重点体现在对"上流社会文化"的批判。这个学派如其名

① Walter Benjamin, *Illuminations*, Harry Zohn, translator, Schocken Books, New York, 1968, p11.

② Walter Benjamin, "Theses on the Philosophy of History", in *Illuminations*, Harry Zohn, translator, Schocken Books, New York, 1968, p256.

称所述，最早开始于1923年的法兰克福，不过在希特勒上台后很快离开了
德国，在纽约的哥伦比亚大学重新开始研究工作。法兰克福学派的主要人
物（顺便提及一下，他们曾经为本雅明提供薪金和在纽约的教职工作）是
马克斯·霍克海默（Max Horkheimer，1895—1973年，德国哲学家、社会
学家，法兰克福学派创始成员之一——译者注）和西奥多·阿多尔诺（Theodor
Adorno，1903—1969年，德国哲学家、社会学家、音乐理论家，法兰克福
学派第一代代表人物之一——译者注），如在第一章提到的建筑中的功能
主义理念，他们也都有涉及。阿多尔诺对现代音乐的研究和对先锋文化的
兴趣让他冷静地评判多种大众艺术表现形式。这是与本雅明截然不同的，
他经常指出这点，并以近似查理·卓别林电影的方式，通过达达主义的朦
胧手法描述社会。

　　阿多尔诺和霍克海默共同写作了一部重要著作《启蒙辩证法》，延续了
卢卡奇和葛兰西引发的关于意识形态的争论。他们从社会学家马克斯·韦
伯（Max Weber，1864—1920年，德国政治经济学家、社会学家——译者注）
的理论中得到灵感，后者关注其自己命名的"资本主义精神"在历史发展
中的作用。韦伯声明资本主义思想来源于新教伦理道德，就是北欧的基督
教派别鼓吹的自我禁欲学说。根据韦伯的说法，这导致了理性主义的胜利，
对社会发展绩效的追求超越一切：

　　　　现在，西方独特的资本主义现代模式已经过去，乍一看，是
　　强烈地受到了科学技术发展多种可能性的影响。现今社会合理发
　　展的基本后盾源于最为重要的科学技术因素的支持……另一方面，
　　这些科学和技术的发展也取决于，并正在受到资本主义实际经济
　　发展利益的严重刺激。[1]

　　韦伯抨击的现代性"铁笼"也是阿多尔诺和霍克海默的标靶，符合其
基本的理性主义教诲目的。在书中，他们描绘了"文化工业"的工作方式，
其中的启迪作用已经通过技术处理成为产品化的"批量垃圾"。好莱坞电影、
低俗小说、流行音乐等等，都是资本主义经济和市场体系下的产品，通过
设立各级监控信息传递的分管部门，任何形式的逆耳之言在到达观众之前
都被消除。他们认为技术规则最终驱使人民成为思想趋同之人：

---

[1] Max Weber, *The Protestant Ethic and the Spirit of Capitalism*, Talcott Parsons, translator, Routledge, London, 1992, p24.

利益集团用技术术语解释文化工业。声称每一产品的生产流程虽然各不相同，但都必须满足无可计数类型的工业化流程同质需求。数量相对较少的产品生产中心和大量的消费需求在技术方面的对立要求管理者具有组织和计划能力……生产资料操作和往复运转的结果促使体制内部的团结更加牢固。①

尝试脱离这种众人认可的操纵之人必须知晓"拒绝"和"杰出"的战略，这是前人建立评价系统而后人试图超越的社会环境。

意外情况的出现是激进哲学家考虑的基本问题：如何能够防止任何革命思想哪怕只是少量的吸收进当前运作的制度体制中？如果没有一个持中立态度的人站在"阿基米德点"观察，而且没有受到扭曲的意识形态观点的影响，怎么能有抵触情绪开始在人们日常生活中蔓延，并且成功地说服大众去改变现状，成就社会发展？另一个法兰克福学派成员德国哲学家赫伯特·马尔库塞（Herbert Marcuse，1898—1979 年，德裔美籍哲学家和社会理论家，法兰克福学派的一员——译者注）尝试定位这个棘手问题，他也对"文化工业"充满失望。如他 1964 年的著作《单维度的人》中所述，这本书对几年后的学生抗议活动有重大影响：

大众信息与产品交流着，日用品、食品和衣物，还有难以抵挡的娱乐产品和其中传递的信息工业所包含的习俗观点，维系着消费者一定的知识结构和情感反应，或多或少的也愉悦了生产者，然后扩展到整个社会。产品具有灌输和操纵意味，他们提升了一个错误的意识层次，而不会影响其中的谬误成分。②

马尔库塞在其早期作品里已经把这些马克思主义理念和他从心理分析学习中发掘的许多观念进行了结合。根据维也纳医生西格蒙德·弗洛伊德（Sigmund Freud，1856—1939 年，奥地利精神分析学家，精神分析学派的创始人——译者注）的先导性理念，马尔库塞延展出来无意识观念作为其著作中分析的工具。他经过对意识形态的解析而避免受到其中的险恶影响，通过弗洛伊德关于人的精神状态的"拓扑"模型提供了另一个研究模式。

---

① Theodor W. Adorno and Max Horkheimer, *Dialectic of Enlightenment*, John Cumming, translator, Verso, London, 1979, p121.

② Herbert Marcuse, *One-Dimensional Man: Studies in the Ideology of Advanced Industrial Society*, Beacon Press, Boston, 1991.

如同列维·斯特劳斯在他的"地理学原理，马克思主义与心理分析"中的对比分析，马克思主义上层建筑的基本模式是弗洛伊德关于意识构造图表的镜像反应。无意识行为与意识行为的割裂在弗洛伊德后期作品中进行了修正，成为相互关联的三部分：超我、自我和本我。本我，或"它"，基本上是指我们思想本能里的原始意识，不过受到超我权威的压制，以防止他们妨碍自我（或"自我"——意识上的自我）的"社会性"机能的发挥。这种个人本能中的欲望被超我的举动操纵包容在一个抑制机制里，成为统治工人的资本主义体系的反映。权威在童年形象中的主观印记在心理上潜移默化，表现在当长辈不在，成人意识中的"超我"就会出现，也表现为准备束缚个性的自我在社会许可范围之内，压制个性本能的自由和解脱。

弗洛伊德认为压制的欲望会通过伪装形式重新浮现，如梦境，成为"弗洛伊德派"的口误，或用严肃点的说法，是神经官能症。马尔库塞在《爱欲与文明》中试图对资本主义进行心理分析，辨析什么是他所谓的一种压抑的生命冲动（"爱欲"）压力在资本主义商品服务中的存在。这是对韦伯曾描述的资本主义成功背后的新教道德意识的一个非常全面的应用，不过期间暗示承载的欲念压抑还是无法释放。对马尔库塞来说，这些愿望的诉求领域是艺术界，那里的无压抑场景可以激发革新诉求在画面上实现。他引证阿尔多诺的观念，把艺术作为一个批判的领域：

> 艺术品也许是最常见的"解压方法"，不止就个人而言，对一般意义的历史也是如此。艺术想象力促成了"无意识记忆"中失败成分的释放，是背叛诺言后的呈现……艺术反对制度性压制，"人的幻觉是一个自由活动体；可是非自由状态下创作的艺术能延续自由的臆想作为抵触情绪的表现。"①

这种艺术功能的正面结论在法兰克福学派关于意识形态思维理论中得到后来马尔库塞的有力支持，并稍后发表于1978年其去世前的著作《审美之维》。

法国的意识形态研究——阿尔都塞、福柯、德波

最近的诸多关于意识形态方面的探索者，并非都具有马克思主义思想

---

① Herbert Marcuse, *Eros and Civilisation: A Philosophical Inquiry into Freud*, Routledge, London, 1987, p144.

的信仰，特别是路易斯·阿尔都塞（Louis Althusser，1918—1990年，法国哲学家、"结构主义马克思主义"的奠基人——译者注）的学生，法国哲学家米歇尔·福柯的研究工作。阿尔都塞试图重新定义意识形态对具体实践工作的独特作用，这与法兰克福学派关于马克思主义"科学技术"的观点相对立，可以当作他是纯粹的唯物主义哲学家。阿尔都塞在很大程度上受到了结构主义思想的影响，认为意识形态不是出自思想意识，而是缘于社会的内在结构，如语言。这个观点对人道主义观念的理解造成很大冲击，削弱了这些之前结构主义思想体系的暂时性"影响"，就像巴特和德里达已经指出的，个性禁锢于这些各式各样的网络环境之中。

就是这个具有极大威力的"建构"课题吸引了福柯的兴趣，使他沉湎于制度实效和隐逸权利演练的研究。他决心辨析出历史具体事件里这些强制性权利的"印记"，深入知识体系方面的探求和制度研究，如医疗和监狱体系。这就是从他的工作生涯中得出的描述：

> 我的工作就是研究把人类变成主体的三种客观性模式。第一类是探询模式，尝试定位自己在科学技术发展中的地位，如话语者在一般语法学、文献学和语言学的客观性……第二类是主体的客观性，我称之为"分类实践"。主体内部进行分类或与其他主体进行区分……例如区分疯狂和神志清醒，病体和健康人，罪犯和"好孩子"。最后一类，我在寻求……人如何转变他人或自己成为一个主体。如我选择的性学领域——男人如何通过学习认识自己的"性特征"主体……[1]

福柯苦心探究这些对立关系难题，显现它们如何人为地构筑出表面上的"自然性"原则——很像后结构主义试图对结构主义的二元化对立，建立一个关于对开放性主题探求的方法。

在福柯的早期著作中，他也曾质疑过历史是线性发展的观点，想到通过"认识论突破"代替一个可变的模式，与托马斯·库恩的科学范式观念类似，虽然大体上只是运用在非常普遍的认识论领域范围。在后期著作里，他关注社会制度化权利关系制约下的个性地位。他对权力在社会中无所不在的描述让人联想到马克思对意识形态的定义（尽管他极力否认任何与马

---

[1] Michel Foucault, "The Subject and Power", quoted in Richard Kearney, *Modern Movements in European Philosophy*, Manchester University Press, Manchester, 1986, pp296–297.

克思主义观念的共鸣，就像他也否认与结构主义学派观点的类同）：

> 权力的可能状况……是改变力量之间的关系，致使不平衡的
> 出现，经常性干预，最终只会局部的失衡和不稳。普遍化的权力：
> 并非是因其特权而使其辖下任何部分和谐同心；而是因为它的与
> 时俱进，出现在任何节点，或是说在任何事件的发生过程中。权
> 力就是一切，不是因为它包罗万象，而是它无处不在。[1]

这种情况的具体实例通过福柯的评论《圆形监狱》进行了介绍，这个建筑由18世纪监狱改革家杰里米·边沁（Jeremy Bentham，1748—1832年，英国法学家、功利主义哲学家、经济学家和社会改革者——译者注）设计。建筑呈环形如剧院的构造，外围是一圈拘留室，中间是观察哨，一人就能监察一切。这样被监视者感触明显，似乎是内部犯人也在自我相互"监督"，非常有效的建筑功能性确保了规诫系统的运作。福柯用圆形监狱作为普遍存在现象中的特例，就像他分析的其他制度性建筑一样，如医院、工厂和学校等方面的建筑。他在1975年出版的颇具影响力的著作《规训与惩戒》中写道：

> 巨大的厂房和厂区是一个问题，需要一个新的监督方式……
> 现在需要的是一个严格的、持续的监督方式，能够在工人工作中
> 正常运转，它不是负担，至少，对于产品特性（如原材料的本性
> 和品质、使用设备的类型、产品的尺度和性质等），它还要考虑到
> 工人的活跃程度、个人技能、工作方式、敏捷程度、工作激情、
> 行为习性……[2]

福柯看见了这个壮观的生产过程有一个普遍性的规训原则，是城市组织的一部分，也是不同单体建筑自身的。在后来的一次访谈中他指出，这个程式在18世纪末开始正式形成，这次访谈发表在《空间、知识和权力》里：

> 人们从政治文献的表述中了解社会是什么，城市是怎样的，

[1] Michel Foucault, *The History of Sexuality, Volume I:An Introduction*, Robert Hurley, translator, Vintage Books, New York, 1990, p93.

[2] Michel Foucault, *Discipline and Punish: The Birth of the Prison*, Alan Sheridan, translator, Vintage Books, New York, 1995, p174.

被灌输维持秩序的各种需求；被引导人应该避免流行行为，远离反叛思想，提倡正派和道德的家庭模式等。经过这些思想的填塞，人们怎么可能同时考虑城市的组织架构和社会底层组织构造组成？[①]

与阿尔都塞唯物主义不同的是，福柯希望避免出现一个客体与主体思维间的辩证关系。这在他的建筑地位思考中是重要的，而且建筑与其驻留环境空间交互影响。

在上面提到的访谈稍后部分，他被问到建筑与自由的关系：

> 我不认为可能出现一方面表现"解放"的情况,同时又有"压抑"的规则……这是一个集中营……不是解放的手段,不过人们还是要考虑到这是不被普遍认可的,虽然它摒弃了酷刑和处决,排除了任何阻力,可是不管面临的政治体系多么可怕,始终存在抵制的可能性,还存在着对立和对抗的组织。

同时，自由也不能够通过建筑的具体表现形式来保护：

> 人的自由不可能由他们自己制定出来的制度和法律来确保。这就是为什么几乎所有的法律条文都能被抛开……我想它不是天生的保证自由实施的社会构架。自由的担保就是自己。

虽然这样认为。福柯还是为建筑的创新保留了一个重要位置，就是设计师的发散思维是"适合表达自身自由度的真实实践"[②]。

对于这个用实践的论点抵御意识形态的模式，法国思想家居伊·德波（Guy Debord，1931—1994 年，法国思想家、导演，情境主义代表人物——译者注）作出了决定性的贡献。德波复原具体化问题到卢卡奇提出的论调，针对 20 世纪 60 年代社会状况引发出著名的观察分析。1967 年发表的《景观社会》直接冲击着社会政治事务，也持续地影响了其后的马克思主义思想的发展。德波延续了卢卡奇的思想，认为商品具有盲目崇拜性——劳动

---

① Michel Foucault, "Space, Knowledge and Power", interview with Paul Rabinow, reprinted in, Neil Leach, editor, *Rethinking Architecture*, Routledge, London, 1997, pp367–368.

② Michel Foucault, "Space, Knowledge and Power", interview with Paul Rabinow, reprinted in, Neil Leach, editor, *Rethinking Architecture*, Routledge, London, 1997, pp371–372.

力变成"实物"和实体具有"神奇"活力——指出意识领域和物质领域一个更深阶段理念混淆的发生,已经导致商品的"幻象"替代一切,成为主宰:

> 这是商品崇拜原则,"有形而又无形"的世界主宰,它在景观社会取得了绝对成功,有形世界被其上存在的有选择的幻景取代,同时还被认为是超凡脱俗。[①]

作为对这种抵触现象的实践,他组织了"国际情境主义运动",这是一群作家和艺术家组成的团体,追求经验的新体验模式,并在20世纪50年代后期和整个60年代出版了同名期刊。除了公共空间的自发性重新获取,如成为艺术"表演"的场地,就是称之为"情境"的用途;他们也受到了本雅明关于"流浪者"描述的影响,引申出"飘浮原理"作为呼应:

> 所有的情境模式都叫飘移(法语字面意思就是"飘移"),一个关于瞬间过渡不同场景的技术术语。"飘移"具有可欣赏的建设性场景并有类似心理地理学的效果。[②]

幻景在理解"心理地理学"中的矛盾角色导致近年来更多法国批评家对图像场景进行指责。让·波德里亚(Jean Baudrillard,1929—2007年,法国哲学家、社会学家、政治评论家、文化理论家——译者注)就特别对符号的"自主性"着迷,还迷恋符号价值优先于交换价值的方式。在他的早期著作里,他结合了马克思主义论点,运用索绪尔的符号分析,说明"形象消费"景象如何从"指称"剥离发展成为"所指"。在后期作品里,他继续颂扬这个"拟像"场景新文化,不过缺少了早期的政治性意图,添加了更多的批判成分。

马克思主义的建筑批判——塔夫里和詹姆士

193

我们已经探讨了众多的针对统治权力构架的抵触模式,而社会制度并不需要得到所有建筑的认可,哪怕是在政治观点上貌合神离的关联。意大

---

① Guy Debord, *Society of the Spectacle*, Black and Red, Detroit, 1983, §36.
② Guy Debord, "The Theory of the Derive", *Internationale Situationniste*, No.2, December 1958, reprinted in, Ken Knabb, editor, *Situationist International Anthology*, Bureau of Public Secrets, Berkeley, CA, 1981, p50.

利历史学家，曼弗雷多·塔夫里（Manfredo Tafuri，1935—1994 年，意大利建筑师、历史学家、评论家——译者注），受马克思主义思想深深影响，质疑建筑仅靠自身的存在能多大程度解决社会问题。在其从 1969 年的一篇评论文章引申写成的著作《建筑艺术与乌托邦》中，他指出建筑的社会性目的可以在早期的现代主义思想的乌托邦计划里发现踪影，并已经被无所不在的资本主义机器采用。他谴责这个沦为工具化的意识形态，很像阿尔多诺和霍克海默以前的所作所为，而这是已"归化"为资本主义基本原则的现代思想的启迪源泉。建筑师今天的实践很难逃脱其掌控，最终都会陷入资产阶级的窠臼，所以抵制这种意识形态的建筑师的唯一积极角色不在于建筑实践，而是进行建筑领域方面的批判：

> 建筑及方案的作用甚至被边缘化。虽然我们最初的兴趣是追寻为什么之类的问题，直到现在，一些马克思主义导向的教义仍然非常小心而执拗地坚持事物的存在具有美好缘由，否认或隐瞒这样的事实：就是不存在一个政治经济的阶级性，而只是存在政治经济的阶级批判；同样，就是不承认存在美学、艺术或建筑的

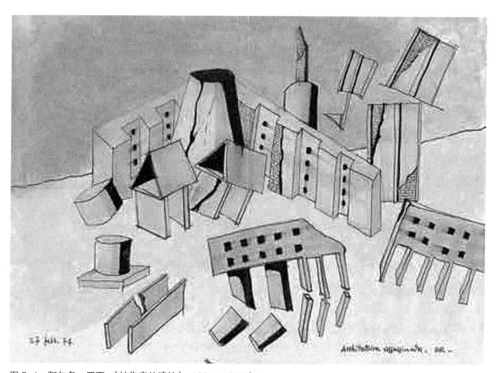

图 5-1　阿尔多·罗西，《被伤害的建筑》，1974—1975 年

图 5-2　保罗·索莱里，亚利桑那州阿科桑地实践，1969 年至今（Neil Jackson 拍摄）

阶级性，而只是存在美学、艺术、建筑和城市的阶级批判。[①]

在一篇颇具积极意义的笔记中，塔夫里认识到建筑"批判"的潜力在于指出实践的可行性模式。在以上引证的评论文章中，他也注意否认关于"建筑之死"预测的责难，这是出自阿尔多·罗西著作中一幅著名图片中的暗示。事实上他支持更"自主"的建筑——如第二章讨论的：依据理性分析进行批判，虽然现在资本主义已经失去了对建筑革命性的影响，作品是否采纳也是可以选择的：

> 有趣的是，精确判断什么是资本主义发展的目的的方法已经从建筑层面上脱离。就是说先前的普遍征兆消失了。现在，人们几乎自然而然地感觉建筑日益具有"戏剧化"形式：就是说，建筑重新回到了纯粹建筑的功能性思考，无须考虑其乌托邦意义；最好是别太沉重。[②]

在这点上塔夫里的论辩可以与我们先前的结论，在第二章讨论的建筑的批判功能相对比。同时，塔夫里似乎勉强认可了以上的关于有效反对建筑意识形态的观点，可是还要强调不能与一般意义的意识形态混淆：

> 说到虚伪的定位建筑在意识形态中的地位，我其实真诚地欣悦于建筑勇敢地反映出的静穆和落伍的"淳朴"；即使还存在一些意识形态的启迪作用，也只是时代的悲剧。[③]

与以上的悲悯论调相反，马克思主义批评家弗雷德里克·詹姆士（Fredric Jameson，1934—，当代美国文学理论家、文化批评家——译者注）近来提出了许多有意义的观点。他明显地试图越过塔夫里的"特别沮丧的地位"[④]，

---

① Manfredo Tafuri, "Toward a Critique of Architectural Ideology", *Contropiano* I, January–April 1969, reprinted in, K. Michael Hays, editor, *Architecture Theory Since 1968*, MIT Press, Cambridge, Mass., 1998, p32.

② Manfredo Tafuri, *Architecture and Utopia: Design and Capitalist Development*, Barbara Luigia La Penta, translator, MIT Press, Cambridge, Mass., 1976, pix.

③ Manfredo Tafuri, *Architecture and Utopia: Design and Capitalist Development*, Barbara Luigia La Penta, translator, MIT Press, Cambridge, Mass., 1976, pix.

④ Fredric Jameson, "Is Space Political" in Cynthia Davidson, editor, *Anyplace*, MIT Press, Cambridge, Mass., reprinted in, Neil Leach, editor, *Rethinking Architecture*, Routledge, London, 1997, p259.

在"晚期资本主义"全球化环境氛围里为建筑定位一个积极的导向性议程。詹姆士从凯文·林奇的《城市意象》中借用了一个观念以引申出后者的"地图认知"技术术语在政治领域的用意。其原意是探询人们如何在混乱的都市氛围里建构精神图典以导引出路径和区域。而在詹姆士这里地图认知就成为一个马克思主义美学的描述方式，用以解释为什么政治的反对情绪并没有同样处于在资本主义霸权控制领域内：

> ……我们可以重新开始掌控自己在社会发展的个性和共性中的地位，重新努力奋斗去争取我们在当前生存空间中的中立地位，不必顾及社会的混乱状态。后现代的政治形式，如果有所表现，应在其活动范围内进行创新，在社会范围内和一定的空间领域提出全球性的认知地图。[1]

詹姆士也设想过让乌托邦式工程成为"反霸权"的关键组成部分，建议通过空间理念和实践的灵活性处理以应对社会发展产生的对现行体制的新需要。在这里他的思想与塔夫里最为交错，然而他又同时返回了马克思主义思想理念——特别是新事物从旧事物中孕育的方式：

> 这种情况让人联想起社会转型时期的"飞地"理论，有紧迫的未来需要作为依据……源自旧体系中微弱然而是锦囊妙计式或亡羊补牢式的修正策略。本质上特性化的自然空间不是偶然出现和传递的，像两个激进的不同类型的空间在历史阶段的扩张，自然而然强悍者逐渐拓展，超越旧者，扩展其初始魔力，逐渐"拓殖"周围而成为存在。[2]

走向一个马克思式的实践之路——列斐伏尔和德塞都

当前革命的主题很疲软——几乎是在隐蔽情况下进行意外变革——并已经产生一个强大的对草根建筑实践的影响，成为民主进程运动的一部分。

[1] Fredric Jameson, Postmodernism, or, The Cultural Logic of Late-Capitalism, Verso, London, 1991, p54.
[2] Fredric Jameson, "Architecture and the Critique of Ideology" in Joan Ockman, editor, *Architecture, Criticism, Ideology*, Princeton Architectural Press, Princeton,1985, reprinted in, K. Michael Hays, editor, *Architecture Theory Since 1968*, MIT Press, Cambridge, Mass., 1998, p453.

作为对塔夫里"纯粹建筑"注释中暗示的批判态度的比较，我们在第二章结束时讨论过，而后在第四章叙述过，这部分我们将给出另一条通往解决政治变革问题的简洁例证。直接行动变革现状的理念与乌托邦从思想意识开始变革的战略相对立，已经被建筑师通过中介或"可行性"方案进行了多种尝试，还通过社区范围进行了建筑规划重组。这些措施的哲学背景有多种来源，特别是法国传统的政治激进主义，在 20 世纪 60 年代学生暴乱后成为显学。

亨利·列斐伏尔（Henri Lefebvre，1901—1991 年，法国马克思主义哲学家、社会学家——译者注）也许是一位最明显的直接卷入法国学生抗议活动的思想家，他的主要著作《空间的生产性》隐约显现他的草根活跃性。他纷繁而复杂的思想来自其广泛的哲学背景，特别是他创新性的结合了现象学和马克思主义主题，使得他的著作与日常生活紧密联系。他的主要目标被他称为是"抽象空间"，就是他感觉到的在资本主义体制下生产出的现代建筑，他也批判后现代符号学对纯粹视觉形象的过分依赖。如迈克尔·海斯（K. Michael Hays，1952—，美国建筑史学家——译者注）介绍列斐伏尔的作品时所述：

> 抽象空间会瞬间支离破碎而均匀分离；资本主义的细部分类和墨守成规始终活跃着，……这些矛盾导致的差异性，让人们断定的抽象空间会趋于解决这些问题。这就表达了抽象空间的不稳定性，具有对抗强权的潜力，并会营造"外部"空间，列斐伏尔称之为从资本主义对手中得来的空间"借用"——"真正的"空间借用，与抽象的借用符号只服务于虚假的霸权的感觉是不协调的。[1]

列斐伏尔的活跃性参与观点改变了其对建筑的注意力，从大尺度的战略性规划转至日常生活的"细部考虑"。这些区别在米歇尔·德塞都（Michel de Certeau，1925—1986 年，法国哲学家、心理学家、社会科学家——译者注）的著作里进行了非常特别的理性化描述，在发展他的对抗权威的"反训诫"实践理念中（参考了福柯的理念），也受到列斐伏尔源自日常生活分析理论的影响：

> 许多日常实践活动（说话、阅读、运动、购物、烹饪等）是

---

[1]　K. Michael Hays, *Architecture Theory Since 1968*, MIT Press, Cambridge, Mass., 1998, p175.

具有策略性质的。这样的做法非常普遍，"运作方法"多种多样；"弱者"会战胜"强者"（是否强大在于他的权力或事物的掌控程度或对规则的强制性等等），制胜的诀窍在于知道如何脱身，就是具有"猎人的机敏"……在希腊语中叫作"运作方式"的美狄丝预言（希腊神话中女预言家——译者注）。只不过后者追溯的更远，显现的是远古聪颖的植物和鱼类身上出现的机敏和模拟性。从浩瀚的大海到现代都市的街道，奇技淫巧长久不衰。①

德塞都描述的借用理念是现代社会对抗资本主义霸权的一种模式。与巴特的颠覆霸权思想并行不悖，活跃的读者会认为这是一个读本，可以学到"聚智"手法，这可能也是德塞都的希望——或者如本雅明的漫游者所携带的休闲读本。这种创新性的阅读技巧，被德塞都比作空间形态的驻留，是一次再写作行为，还与即席创作的诗歌相类似：

　　这样的突变让文字有亲切感，如寓居客地，它瞬间施展游移大法隔空借物。房客比较实际变化的环境和记忆中的印象；……如同一般行人所为，漫步街头既有幻想也有具体目标……权威的作用是支持服务于无数的生产进程，同时构建他们的创新环境……②

即席创作的理念激发了赫尔曼·赫茨伯格（Herman Hertzberger，1932—，荷兰建筑师、建筑教育家——译者注）的建筑激情，也是他一直尝试捕捉介于建筑与其使用者间的思想共鸣。有许多突出的例子可以发现使用者的设计痕迹，有些很值得思考，特别是他们热情得近似专业的品性。包括一定范围内为全体居民构筑的城市，如保罗·索莱里（Paolo Soleri，1919—，意裔美国规划建筑师，关注实验性生态建筑——译者注）的著名作品阿科桑地（Arcosanti，美国亚利桑那州沙漠生态城项目——译者注），那里的客户可以建造一次性房子，期间建筑师担当的只是现场顾问。这其后的场景得到了克里斯托弗·亚历山大（Christopher Alexander，1936—，美国建筑师——译者注）的支持，他最初是数学家，后来开始通过数值变

① Michel de Certeau, *The Practice of Everyday Life*, Steven Rendall, translator, University of California Press, Berkeley, Calif., 1984, pxx.

② Michel de Certeau, *The Practice of Everyday Life*, Steven Rendall, translator, University of California Press, Berkeley, Calif., 1984, pxxi–xxii.

图 5-3　保罗·索莱里，亚利桑那州阿科桑地实践，1969 年至今（Neil Jackson 拍摄）

量体系分析设计过程。再后来他的作品近似于软件分析，是模式设计的多样性选型，进而形成一种手册或指南，提供给任何人设计合乎他自己需求的建筑。在加利福尼亚的撒拉住宅，这套模式用于一个单亲家庭住所。他也进行了大尺度模式的探讨，如日本的一个大学校园。在 1985 年的安进学院设计讨论中，亚历山大提出了一种介于两个建筑竞争体系间的文明之争，一种是"世界体系 A"，基于模式语言的使用；另一种是"世界体系 B"，用于常规的、专业组织的建设步骤。

　　世界体系 A 的设定是基于人体的感觉。其作用是试图营造出一个以人体感觉为主的体系……人们能感觉身在其中的舒适，……

图 5-4 克里斯托弗·亚历山大，加利福尼亚州奥尔巴尼市萨拉住宅，1982—1985 年（Neil Jackson 拍摄）

图 5-5 克里斯托弗·亚历山大，加利福尼亚州奥尔巴尼市萨拉住宅室内，1982—1985 年（Neil Jackson 拍摄）

图 5-6 克里斯托弗·亚历山大，加利福尼亚州奥尔巴尼市萨拉住宅室内，1982—1985 年（Neil Jackson 拍摄）

图 5-7　克里斯托弗·亚历山大，墨西哥墨西卡利住宅，1976 年（Neil Jackson 拍摄）

　　具体化并根据人体在各种环境下的要求，显示出优质生活需要的品质。世界体系 B 的设定是基于机械化原理和非人体感觉主导的程序。他最终形成的是财富、机遇和权力的体系——完全是精神上的感觉——是一种非常冷漠的环境。①

　　关于可能出现在亚历山大建筑中的"精神层面"的品质问题，现代日本建筑界预见到了其可能对经济体系产生的威胁。在亚历山大描述中，这种遭遇某种程度上属于英雄气短，也确实反映出一些对其体系产生干扰企图的后果：

　　　　我们所见到的日本（建造）公司，第一印象看，这就是我们所移植的世界体系，可能对他们在日本的未来发展中产生影响。我们做过什么，……这种单纯构架对整个日本建造工业是一个威胁……所以他们确定要面对过失。②

① Christopher Alexander, "Battle: The History of a Crucial Clash Between World-System A and World-System B", in *Japan Architect*, Tokyo, August 1985, p35.
② Christopher Alexander, "Battle: The History of a Crucial Clash Between World-System A and World-System B", in *Japan Architect*, Tokyo, August 1985, p19.

图5-8 克里斯托弗·亚历山大，墨西哥墨西卡利住宅，1976年（Neil Jackson 拍摄）

　　工程项目实际上还在继续，其间遇到很多恶毒攻击和颠倒黑白，最终在工艺水平上获得了一定的成功，不过没有达到亚历山大的要求。相比较而言，他的许多小型自建项目得到成功，如在墨西哥一座小城的社区住宅。这个项目在他 1985 年《住宅制造》中有所记述，还形成一个真实的"建设指南"作为类似情况的设计前期指导。通过这样的方法，建造意图成为"生产手段"，工人可能与马克思主义思想的研究渐行渐远。由于西方世界的富裕人民没有较大的抱怨，大规模的"革命"已经不会产生。

　　这种类型的项目在欧洲以不同规模的形式出现，如德国建筑师弗雷·奥托（Frei Otto，1925—，德国建筑师、结构工程师——译者注）和比利时的吕西安·克罗（Lucien Kroll，1927—，比利时建筑师——译者注）的作品。两者都关注如何鼓励使用者的直接介入，倡导时常是无序而有些过于复杂形式的建筑。这些建筑鼓励个人介入的设计理念能够非常明显地体现在建筑外观上，也成为建筑师控制建筑的标识。如克罗在他的作品和大事记中的记述，这同时在一定程度上起到了缓和作用：

　　　　为了创造一种舒缓当前政治矛盾的建筑类型，我们试图发展多种模式，希望有朝一日表达我们的政治观点。这是单纯的想解

图 5-9　弗雷·奥托，柏林奥库住宅，1990 年（Neil Jackson 拍摄）

　　决问题的建议模型……我们注意到了他们的各种可能性和缺失。
我们从没有幻想能够通过建筑袋装书手册带来社会革命效果，只
是为了制造一些革命性的冲击，渗透进现实的束缚中。[①]

　　20 世纪 80 年代在英国，这种趋势在"社区建筑"的旗帜和威尔士王
子的赞助下得到强烈的尊崇。最为著名和成功的例子是纽卡斯尔的拜克墙
住宅群，把一个现存住区变为具有个性、剪裁得当的住宅群落。建筑师拉
尔夫·厄斯金是战后"十次小组"（Team X）成员之一，在他随后的作品中
也一直追求这种模式，并关注社会问题。伦敦格林尼治千禧村就是厄斯金
最新的变换住宅形式的尝试。

　　在非常广泛的建筑理论中，最近一段时间，一系列的"变革"议题逐
渐凸显。特别是环境运动，在"绿色建筑"的口号下，运用最近的对生态
环境的关注再次挑战资本主义的传统优势。相似的，在意识层面的改变也

① Lucien Kroll, "Architecture and Bureaucracy", in Byron Mikellides, editor, *Architecture for People: Explorations in a New Humane Environment*, Studio Vista, London, 1980, pp162–163.

图 5-10 拉尔夫·厄斯金，英国纽卡斯尔市拜克墙住宅群，1969—1980 年（Alistair Gardner 拍摄）

图 5-11 拉尔夫·厄斯金，英国纽卡斯尔市拜克墙住宅群，1969—1980 年（Andrew Wheeler 拍摄）

图 5-12 拉尔夫·厄斯金，英国纽卡斯尔市拜克墙住宅群，1969—1980 年（Jonathan Hale 拍摄）

寻求一种定位，如女权主义的突显影响和"性别空间"概念。这些议题与先前的政治思维并行发展，被压抑的力量现在开始发出声音。

建筑师到底能够在多大层面进行革新——特别在解决社会问题层面的讨论上——放弃众多哲学家在他们的思想理念里表达的诸多关系。正如玛丽·麦克列奥德（Mary McLeod）在关于这个主题的一篇有争议性的评论中指出的，多种力量合力操控了建筑的效果：

> 历史主义者和后结构主义倾向者都正确指出了现代主义运动机械化理性的缺憾，目的狭隘，理念华而不实；不过前两者也在其他方面犯下了方向性错误，他们舍弃了与社会相关的所有领域，自己设定为是根据社会和经济进程形成的批判或肯定方面的工具。当代建筑变得注重表面形式和娱乐成分，内涵肤浅，随时具有可

变性和易于损耗，是局部缺少实质维度的产品······程序、生产、财政和其他，过多受到权力直接掌控。除了性别、种族、生态环境和贫富差别，后现代主义和解构主义也放弃了至关重要和需要继续进行的异质性发展。[1]

这个观点意味着我们依然踯躅于1923年勒·柯布西耶的想法中，他提出建筑应作为一种避免革命的选择。[2]众所周知近来马克思主义哲学思潮引发了在空间实践中出现的真实的"革命"行为的抵触模式。败落而占优势的范式策略是通过非正式的使用多种手段——如及时的"建立"目标、技术转移和多种类型空间的"汇聚"，就像德塞都所言——提供一系列的吸引消费者的可能形式，启发他们步入商品化氛围。具有强制意味的广告和媒体操纵策略被政治艺术家、评论员和批评家暴露的越多，人们才越能够选择他们自己认可的经济和文化生活环境。作为资本主义体系下艺术和建筑的批判模式，从马克思主义的观点看特定项目的文脉背景非常重要。然而根据福柯和德里达有关文化"主题"的理念，所有实体同时具有实际形式和批判模式的双重潜力。理论与实践的融合范围非常广泛，更多的批判性原则将会在本书的结论中以"诠释"方式讨论。

Suggestions for further reading 建议深入阅读书目

Background 背景介绍书目

Walter Benjamin, *Illuminations: Essays and Reflections*, translated by Harry Zohn, Schocken Books, New York, 1968.

Walter Benjamin,《启示：短文与思考》，Harry Zohn 翻译，纽约 Schocken Books 出版社，1968 年。

Michel de Certeau, *The Practice of Everyday Life*, translated by Steven Rendall, University of California Press, Berkeley, CA, 1984.

Michel de Certeau,《日常实践》，Steven Rendall 翻译，美国加利福尼亚大学出版社，1984 年。

---

[1] Mary McLeod, "Architecture and Politics in the Reagan Era: From Postmodernism to Deconstructivism", *Assemblage*, 8, February 1989, reprinted in, K. Michael Hays, editor, *Architecture Theory Since 1968*, MIT Press, Cambridge, Mass., 1998, p696–697.

[2] Le Corbusier, *Towards a New Architecture*, Frederick Etchells, translator, Architectural Press, London, 1946, pp268–269.

Guy Debord, *Society of the Spectacle*, Black and Red, Detroit, 1983.

　Guy Debord，《景观社会》，美国底特律黑红出版社，1983 年。

Terry Eagleton, "Conclusion: Political Criticism", in *Literary Theory: An Introduction*,
University of Minnesota Press, Minneapolis, 1983, pp 194-217.

　Terry Eagleton，"结论：政治批判"《文学理论简介》，美国明尼苏达大学出版社，
1983 年，P194-217。

David Hawkes, *Ideology*, Routledge, London, 1996.

　David Hawkes，《意识形态》，伦敦罗德里奇出版社，1996 年。

Richard Kearney, "Georg Lukács", "Walter Benjamin", "Herbert Marcuse" and "Michel
Foucault", in *Modern Movements in European Philosophy*, Manchester University
Press, Manchester, 1986.

　Richard Kearney，"G·卢卡奇"、"W·本雅明"、"H·马尔库塞"、"M·福柯"，《现
代欧洲哲学思潮》，英国曼彻斯特大学出版社，1986 年。

David McLellan, *Karl Marx*, Penguin Books, New York, 1975.

　David McLellan，《卡尔·马克思》，纽约企鹅出版社，1975 年。

Karl Marx/ Friedrich Engels, *The Marx-Engels Reader*, Robert C. Tucker(ed.), Norton,
New York, 1978.

　Karl Marx/ Friedrich Engels，《马克思 - 恩格斯读本》，Robert C. Tucker 编著，纽
约 Norton 出版社，1978 年。

Foreground 预习书目

Christopher Alexander, *The Production of Houses*, Oxford University Press, New York,
1985.

　Christopher Alexander，《住宅制造》，纽约牛津大学出版社，1985 年。

William McDonough, "Design Ecology, Ethics and the Making of Things" and "Hannover
Principles", in Kate Nesbitt (ed.), *Theorising a New Agenda for Architecture: An
Anthology of Architectural Theory 1965-95*, Princeton Architectural Press, New
York, 1996, pp400-10.

　William McDonough，"生态设计、伦理、产品制作"与"汉诺威原则"，Kate
Nesbitt 编著，《建筑理论重构备忘：1965—1995 年建筑理论选集》，美国组
约普林斯顿大学建筑出版社，1996 年，P400-410。

Mary McLeod, "Architecture and Politics in the Reagan Era: From Postmodernism to
Deconstructivism", *Assemblage*, 8, February 1989. Reprinted in K. Michael Hays(ed.),
Architecture Theory Since 1968, MIT Press, Cambridge, MA, 1998, pp 696-7.

Mary McLeod，"里根时期的建筑与政治：从后现代主义到解构主义"，Assemblage 杂志，1989 年 2 月第 8 期；K. Michael Hays 编著，再版收录在《1968 年以来的建筑理论》，美国麻省理工学院出版社，1998 年，P696-697。

Manfredo Tafuri, *Architecture and Utopia: Design and Capitalist Development*, translated by Barbara Luigia La Penta, MIT Press, Cambridge, MA, 1976.

Manfredo Tafuri，《建筑艺术与乌托邦：设计与资本主义发展》，Barbara Luigia La Penta 翻译，美国麻省理工学院出版社，1976 年。

John F.C. Turner, *Housing By People*, Marion Boyars, London, 1976.

John F.C. Turner，《居住之人》，伦敦 Marion Boyars 出版社，1976 年。

Readings 展读书目

Michel Foucault, "Space, Knowledge and Power", interview with Paul Rabinow. Reprinted in Neil Leach(ed.), *Rethinking Architecture*, Routledge, London, 1997, pp 367-79.

Michel Foucault，"空间、知识与权力"，Paul Rabinow 访谈；Neil Leach 编著，《建筑反思》，伦敦罗德里奇出版社，1997 年，P367-379。

Fredric Jameson, "Architecture and the Critique of Ideology", in Joan Ockman (ed.), *Architecture, Criticism, Ideology*, Princeton Architectural Press, New York, 1985. Reprinted in K. Michael Hays (ed.), *Architecture Theory Since 1968*, MIT Press, Cambridge, MA, 1998, pp 442-61.

Fredric Jameson，"建筑与意识形态批判"；Joan Ockman 编著，《建筑、批判、意识形态》，纽约普林斯顿建筑出版社，1985 年；K. Michael Hays 编著，再版收录在《1968 年以来的建筑理论》，美国马萨诸塞州麻省理工学院出版社，1998 年，P442-461。

结论　通向批判方向的诠释学

　　本结论标题中使用的"诠释学"一词并不意味着想提出新的理念来替代前面文章中提到的诸多理念。今天的诠释学由于对往昔的过多牵扯而倍受猜疑，因而我在此只是对其广义上的注释性内容加以运用。本书的第一章、第二章指出了两个相对立的思想学派的思维历程——对建筑内涵的两个相反观点。第一派声明，建筑只是为人们提供舒适庇护场所的一种物质世界的解决方式，并无过多其他内涵；第二派视建筑为一种纯粹的艺术体验，是精神世界最高层次的信息交流，其内涵超越一切。

　　当然两者都不完全是事实，我在前文已经通过各自的诠释框架体系"聚焦"了他们的不同历程。建筑的唯一发展轨迹，也可以说一直非常直接而清晰地反映在其后章节中提出的诠释模式中。不管是有意无意，具体的建筑都包含许多信息，代表性的传递着参与建筑实施的所有人的聪明才智。如同戏剧导演皮特·布鲁克（Peter Brook，1925—，英国戏剧家、导演——译者注）对表演艺术起源的描述：

> 　　我可以使用任何场所，当作是一个洁净的舞台。让人在其中梭巡，同时其他人看着他的活动，这样戏剧的场景就出现了。[1]

　　每天类似的"戏剧场景"有无数次的出现机会，建筑则是其中的一个不变的舞台。

　　如何理解这种非文字所能表述的语言就是本书的第二部分，也是其后三章的内容。通过我们不同的探讨模式，我们会完全理解建筑语言所揭示的建筑深层结构意义。从现象学角度，"交互主体性"概念的问题核心和个人亲身体验的延伸性正超越个体的知觉范畴。结构主义似乎为这种体验提供了一个社会语境，就是植入先天规则和惯例而围合成的网络化个体。同时，结构主义的分析忽略了历史的变化和政治性评论对建筑施加的烙印，而这些情况会造成建筑表现的独特性。在这个结论里，我们将进一步讨论建筑

---

[1] Peter Brook, *The Empty Space*, Atheneum, New York, 1968, p9.

的历史传统和诠释学体验在解读建筑中的任务。这样的工作不是提议将以上的不同分析举措组成一个单独的学科，只是尝试指出各自用于解释建筑时的有利因素。

> 我提出的"批判诠释学"标题的目的是希望突出益加明显的传统建筑术语的现代理解问题。就是建议审慎地面对诠释学传统发展，郑重地恢复对历史惯例的质疑。如同法国哲学家让·弗朗索瓦·利奥塔（Jean-Francois Lyotard，1924—1998 年，法国哲学家、社会学家、文学评论家——译者注）推荐的建议，在后现代主义解释性语言中："任何被认可的事情都必须受到质疑，即使是一天前的存在。"①

214　诠释学传统

字典上对"诠释学"的名词解释是"关注解释内容，特别是指古书或其他文稿方面的内容（Concise Oxford English Dictionary）"。这就令人立刻联想到古代经文中的宗教专门术语，如圣经和古希腊经典文献中关于"神谕"的解释。这个词语确实是来自希腊语的专用名词，如德尔菲神庙祭司的语录，也可以用于神的信使赫尔墨斯的语言。赫尔墨斯的角色相当于基督教世界的天使，是人类与上帝之间的媒介。先前我们在结构主义对神话事件的分析中提到沟通的作用，可以解释神秘事件的缘由。在诠释学中，赫尔墨斯可以作为沟通信息的方便比喻，和能够明确传递内容的"信息"提醒内容。相比很少的一般简单说明，多数历史信息传递了基于"历史文献"延伸的宗教争议，需要认真阐述。过去几百年来的基督教堂遗迹就是对"神谕"的各类解释。更为戏剧化的是自 7 世纪伊斯兰教与基督教对立后，脱胎于犹太教旧约的基督教义在权威注释的名义下一直显示着经典诠释的重要性。

诠释学从神学领域转变到学术领域是由于 18 世纪人文科学思维发展，如当代法国哲学家保罗·利科（Paul Ricoeur，1913—2005 年，法国哲学家、诠释学家——译者注）所述，在他的杂文"诠释学的任务"中，指出这种转变是从地域性到普遍性诠释的发展：

---

① Jean-Francois Lyotard, *The Postmodern Explained: Correspondence, 1982-1985*, Don Barry et al., translators, University of Minnesota Press, Minneapolis, 1993, p12.

> 诠释学的起源就是尝试普及对（圣经）神学和（古典）哲学
> 的解说，成为"技艺"［Kunstlehre，德语，一门有关某种技能或
> 技巧的学问，从希腊文"技术"（techne）一词翻译而来］，或工艺，
> 减少无关知识对人们理解的干扰。①

弗里德里希·施莱尔马赫（Friedrich Daniel Ernst Schleiermacher，
1768—1834 年，德国神学家、哲学家——译者注）被认为是这一创新过程
中重要的里程碑式人物，他作为神学教授，敏锐地察觉到诠释解释模式可
以减少对宗教教义的误解。他注意到对文章的理解有赖于对文章作者的了
解，如康德的《艺术概念》就是康德天才思维的产品。对这种个性化起源
的浪漫理解在 20 世纪结构主义哲学中受到挑战，然而在 19 世纪早期对经
典理论束缚的抗争中，新的冲击还是表现出对诠释原则的依赖。施莱尔马
赫提出了"循环诠释"理念，指出对文本的诠释是基于文章整体与段落的
相互关系。诠释工作可以从点到面，或者更为可靠的辩证的全面同时着手
进行。在这个过程中就需要研究作者的写作意图，对比写作内容。从空间
范围考察还要注意另一个因素，共性思维中的传统理念框架，在其后的多
个诠释学版本中都会表述其重要性，理念的归属性成为有影响力的主题。

这个主题的发展还有另一个诠释学革新者的功劳，他也是德国人，威
廉·狄尔泰（Wihelm Dilthey，1833—1911 年，德国历史学家、哲学家、社
会学家、心理学家——译者注）自 1882 年起，一直在柏林作教授。狄尔泰
反对当时随着科学普及而兴起的实证主义哲学，尝试定义"人文科学"的
基础在本质上是不同形式的知识架构。他从人文学科入手审视康德对科学
的分析，从事物的意义上探究"可能性事件"的"历史性"，而不是"纯粹
性"。这是基于他对解释和理解的区别而展开的工作，前者存在于科学领域，
后者属于人文领域。由于狄尔泰是基于对历史背景的重点思考，而施莱尔
马赫则是关注作者的生活环境，直到 20 世纪的海德格尔，才在《存在与时
间》一书中，推进了诠释学的巨大进步。作为认识论的一个问题，海德格
尔留意涉及本体论或人性基础的不同知识模式，理解成为存在的基础形式，
并用于对外界描述存在的状况。第三章中我们讨论过海德格尔研究的基本
方向，包括他推进了对日常"现实世界"的深入体察，逐步达到对独特语
言体系的研究。对关于工具的探讨提供了由表及里，包含相关实践经验的

---

① Paul Ricoeur, "The Task of Hermeneutics", in *Hermeneutics and the Human Sciences*, John B.
Thompson, translator, Cambridge University Press, Cambridge, 1981, p45.

循环思维解释。每个个体都与周围环境有或多或少的关联，这样就在海德格尔的思维体系里，开启了个体可以被解释的窗口。并在可以预期的领域了解他们的文脉关系架构，预估任何特定对象或感知行为。在海德格尔的《存在与时间》中，关于预先感知存在的描述说：

> 任何被解释的事物，其解释基本来源于预拥有、预远见、预理念。解释不会影响对预先呈现个体的假定。[1]

如"居所的存在性"这样的海德格尔后期的著作中加强性语言特色成为他的德国学生汉斯·格奥尔格·伽达默尔一篇论文的主题。在他的主要著作，1960 年在德国发表的《真理和方法》中，他提供了一种深入研究诠释学历史的方式，并作出了自己的贡献。伽达默尔也萃取了狄尔泰的从理解中分离解释的理念，阐明前人在科学领域的研究依靠的是分离主体与观察者的方式。科学研究中对客观性知识的探寻的前提在于清晰地从经验中剖析出叙述成分，尝试解释着超脱出经验里的具体情况，保持在一个中立的层面，了解客观事物的可重复性。伽达默尔品味出这种观察者与被观察事物的疏离，正是存在性的经验相对立面，就是诠释学中关于理解的精髓。

伽达默尔有些趋于保守主义，他的归属感强调了诠释的必要性。事实上，当他阐述诠释学的内涵时的一段简述已经明确说明："这是个人意识与历史命运之间的桥梁。"[2] 这里强调了作者意念，回应施莱尔马赫的新康德主义理念，坚持了天才性或主创者个人意志的原创理念。这个理念被伽达默尔的理解性描述深化为对作者"视野融合"的依赖。个人的视野有助于创意或现场直播的特别效果，类似于海德格尔定义为工具的现代网络联系理念。后来的文章中，伽达默尔阐明了他的艺术理念作为符号收集的作用，突出了历史性的原创说明：

> 什么是"符号"的字面意义？最初这只是一个希腊语中的技术性术语，描述具有回忆性的形象物。主人给予客人的表示"熟识的信物"，用于通过某些阻碍关卡。主人与客人各保留一半作为凭证，哪怕三五十年后，客人的后代依然能够使用，两部分依然

[1] Martin Heidegger, *Being and Time*, John Macquarrie and Edward Robinson, translators, Harper & Row, New York, 1962, p191–192.

[2] Hans-Georg Gadamer, "Aesthetics and Hermeneutics" in *Philosophical Hermeneutics*, David E. Linge, translator, University of California Press, Berkeley, CA, 1976, p95.

可以合二为一。①

伽达默尔的"过去存在性"概念作为艺术经验的积累，也暗示了对海德格尔"居所的存在性"语言概念的支持。他发展了语言概念为文化传统的专属载体，特别聚焦在真实历史事件的文字终极传输渠道：

> 没有什么比书写的思维轨迹更纯粹，也没有什么更依赖于对个人意念的理解。在解密和解读的过程中，奇迹发生了：外界的或已经逝去的事情变成了现代的和熟悉的。一点也没有过时的痕迹——建筑、工具、遗骨尸骸等都经历了风霜雨雪的时间煎熬，荡涤尘埃，但是书写的历史一旦被解码和阅读，就会见字如晤，条理清晰。②

如在利科的评论里，作者文意与解读之间历史距离的活扣就成为伽达默尔理论的软肋，他指出我们的理解与当时情况的"差异"需要顾及，为了避免误读，需要"修复"对历史的误解。

如上面文章所述，利科接着指出，这里"近似和疏远的关系很微妙，但却是历史意识中必不可少"③的。利科在自己的研究中延续了对此种微妙关系的理解并反思海德格尔理念，他描绘艺术作品是"开启了"或"揭示了"一片天地。对利科来说这是作者作品蕴意的序幕，而不是尾声，他在狄尔泰之前就发现了解读的前奏：

> 他认为历史相对论的方向可以克服自身缺陷，不需要某些绝对知识介入操纵意识。不过为了界定这个认识，重申诠释学的使命和纯粹心理意识变幻的联系已经进入精神领域，不在指向作者思维，而是导向文字内涵和开放而清晰的文字世界。④

---

① Hans-Georg Gadamer, "The Relevance of the Beautiful" in *The Relevance of the Beautiful and other Essays*, Robert Bernasconi, editor, Cambridge University Press, Cambridge, 1986, p31.

② Hans-Georg Gadamer, *Truth and Method*, Joel Weinsheimerand Donald G. Marshall, translators, Sheed & Ward, London, 1989, p163.

③ Paul Ricoeur, "The Task of Hermeneutics", in *Hermeneutics and the Human Sciences*, John B. Thompson, translator, Cambridge University Press, Cambridge, 1981, p61.

④ Paul Ricoeur, "The Task of Hermeneutics", in *Hermeneutics and the Human Sciences*, John B. Thompson, translator, Cambridge University Press, Cambridge, 1981, p53.

解释中的"冲突"

利科的历史语境分析最先面对的诠释学哲学背景对理解其后著作的导向非常重要。那是在第二次世界大战期间，他被纳粹囚禁，在狱中研读了许多哲学家的著作，如胡塞尔、海德格尔和传统的德国历史学者，产生了一种印象，德国政治状况不是德国历史的必然结果，推论出历史必将会被重新解读。因而他发展了"多种释义"语言的通用原则，成为《解释中的冲突》和诠释学一个基本原则的主要贡献者。他也批判了胡塞尔现象学著作中的理想主义倾向，后者尝试解释显而易见的意识感知到的"真实"现实。作为替代物，他坚持诠释学的当前任务是不可逆转的，并怀疑一切的想当然。他支持其他领域哲学家在这方面的努力，以求殊途同归地达成"怀疑论的诠释学"。在我们已经提及的他的各类著作中，有尼采的理性"系谱学"批判、马克思的资本主义意识形态暴露、弗洛伊德无意识影响的揭露等，都解释了日常意识思维。

利科的不稳定冲突性理念成为最近意大利哲学家詹尼·瓦提莫（Gianni Vattimo，1936—，意大利当代著名哲学家和文化批评家，都灵大学哲学教授——译者注）的研究主题。瓦提莫也是伽达默尔的学生，形成了自己独特的后现代思维多样性观点。就像海德格尔和随后的德里达形成的对西方哲学的评论是基于对绝对终极知识背景的误导，瓦提莫同样描述后现代哲学的当前状况为一个"后基础主义"时期，或者更确切的是"弱势思潮"（国内部分翻译为"柔软思想"——译者注）。这种想法导致之前一系列理论的边缘化讨论，如德里达澄清他的论述领域不只局限于哲学界。在德里达的《绘画的真谛》中，他聚焦在作品的艺术性和"限制"讨论上，这也正是艺术作品的最基本定义。瓦提莫同样地套用在一些明显的边缘化主题，如建筑装饰讨论和虚无主义概念讨论上。他借用尼采的理论，表述我们之前叙述的体验主体"弱化中心"已经成为现代哲学的一个特征。

对于瓦提莫和利科，"创新者的含义"导致的个人主体异化给予诠释学理念的新冲击最终确立了"存在模式"的基础。在某种意义上，由于有一些不明确的沟通行为发生，我们的存在就需要常态的解释，尽管有实体与环境间的现象学"干扰"；或结构语言学对能指／所指的恣意独断；或我们与我们的社会关系间意识形态上的无形过滤；每种我们在书中讨论的模式都具有这种趋势。就像瓦提莫描述海德格尔在当代"异化"世界的哲学思想遗产中的角色：

> 诠释学不是反对人文科学权威基础上真实存在的一种理论，来达到异化理性社会的思维；而是一种尝试攫取客观存在（或理念）变幻中的内涵，剥离我们周围技术科学理性世界衍生物的理论。[1]

作为总结，只需要简述解释学的关键策略在于坚持"解构主义"诠释学。之前的诠释学重点关注衍生出未来导向的实践，这也是德里达对过往理念的肯定和脱离历史"包袱"的未来导向探索的决心。这种对于传统的动态分析方法与精神分析并行不悖，在弗洛伊德理论就往昔创伤的分析中有所描述。通过思考历史中原型的再现和重申，清晰呈现事件的模棱两可，德里达倡导的批判实践就拉开了海德格尔"开放"理论的序幕：

> 重述评价无疑在批判性阅读中具有一席之地。对全部古典知识的认知和尊重实属不易，需要尽可能地了解古典批判工具。认知和尊重的缺失会使得批判存在方向上的迷茫和权威上的偏颇。一直以来的唯一庇护就是阅读，虽然从未被明示。[2]

建筑理念和传统的挑战是隐含在本书叙述的每个主题中的重要因素。希望在批判性评价和必要性重述解释中，建筑成为"文化文本"发展进程的一部分，足以诠释设计理念，或者如海德格尔所述，建筑重新"值得质疑"[3]。

Suggestions for further reading 建议深入阅读书目

Background 背景介绍书目

Terry Eagleton, "Phenomenology, Hermeneutics, Reception Theory", in *Literary Theory: An Introduction*, University of Minnesota Press, Minneapolis, 1983, pp 54-90.

---

[1] Gianni Vattimo, *Beyond Interpretation: The Meaning of Hermeneutics for Philosophy*, David Webb, translator, Polity Press, London, 1997, p110.

[2] Jacques Derrida, *Of Grammatology*, Gayatri Chakravorty Spivak, translator, Johns Hopkins University Press, Baltimore, MD, 1976, p158.

[3] Martin Heidegger, "Building, Dwelling, Thinking", in Poetry, Language, Thought, Albert Hofstadter, translator, Harper & Row, New York, 1971, p160. Reprinted in Neil Leach, editor, Rethinking Architecture, Routledge, London, 1997.

Terry Eagleton，"现象学、诠释学、受众理论"，《文学理论简介》，美国明尼苏达大学出版社，1983 年，P54-90。

Hans-Georg Gadamer，"Aesthetics and Hermeneutics"，in *Philosophical Hermeneutics*, translated by David E. Linge, University of California Press, Berkeley, CA, 1976, pp 95-104.

Hans-Georg Gadamer，"美与诠释学"，《哲学诠释学》，David E. Ling 翻译，美国伯克利加州大学出版社，1976 年，P95-104。

Paul Hamilton, *Historicism*, Routledge, London, 1996.

Paul Hamilton，《历史相对论》，伦敦罗德里奇出版社，1996。

Fredric Jameson, "On Interpretation", in *The Political Unconscious: Narrative as a Socially Symbolic Act*, Routledge, London, 1989, pp 17-102.

Fredric Jameson，"演绎"，《无意识的政治：社会特征行为叙述》，伦敦罗德里奇出版社，1989 年，P17-102。

Jean-François Lyotard, *The Postmodern Condition: A Report on Knowledge*, translated by Geoff Bennington and Brian Massumi, University of Minnesota Press, Minneapolis, 1984.

Jean-François Lyotard，《后现代景况：知识的报道》，Geoff Bennington 和 Brian Massumi 翻译，美国明尼苏达大学出版社，1984 年。

Paul Ricoeur, "The Task of Hermeneutics", in *Hermeneutics and the Human Sciences*, translated by John B. Thompson, Cambridge University Press, Cambridge, 1981, pp 43-62.

Paul Ricoeur，"诠释任务"，《诠释学与人文科学》，John B. Thompson 翻译，剑桥大学出版社，1981 年，P43-62。

Gianni Vattimo, *Beyond Interpretation: The Meaning of Hermeneutics for Philosophy*, translated by David Webb, Polity Press, London, 1997.

Gianni Vattimo，《哲学的诠释学意义：超越解释》，David Webb 翻译，伦敦政治出版社，1997 年。

Foreground 预习书目

Alan Colquhoun, "From Bricolage to Myth, or How to Put Humpty-Dumpty Together Again", in *Essays in Architectural Criticism: Modern Architecture and Historical Change*, MIT Press, Cambridge, MA,1981. Reprinted in, K. Michael Hays(ed.), *Architecture Theory Since 1968*, MIT Press, Cambridge, MA, 1998, pp 336-46.

Alan Colquhoun，"拼凑到成为神话或如何促成短粗与矮胖的结合"，《关于现代建筑与历史变革的建筑评论短文》，美国麻省理工大学出版社，1998 年，P336-346。

Peter Eisenman, "The End of the Classical: The End of the Beginning, the End of the End", in *Perspecta*,21, 1984. Reprinted in Kate Nesbitt(ed.), *Theorising a New Agenda for Architecture: An Anthology of Architectural Theory 1965-95*, Princeton Architectural Press, New York, 1996, pp 212-27.

　　Peter Eisenman，"古典的著终结：起点、终点"，Perspecta 杂志，1984 年第 21 期；Kate Nesbitt 编著，再版收录在《建筑理论重构备忘录：1965—1995 年建筑理论选集》，美国纽约普林斯顿大学建筑出版社，1996 年，P212-227。

Vittorio Gregotti, *Inside Architecture*, translated by Wong and Zaccheo, MIT Press, Cambridge, MA, 1996.

　　Vittorio Gregotti，《建筑内涵》，Wong and Zaccheo 翻译，美国麻省理工大学出版社，1996 年。

Robert Mugerauer, *Interpreting Environments: Tradition, Deconstruction, Hermeneutics*, University of Texas Press, Austin, TX, 1995.

　　Robert Mugerauer，《环境解释：传统、解构、诠释学》，得克萨斯大学出版社，1995 年。

Joseph Rykwert, "Meaning and Building", in *Zodiac* 6, 1957. Reprinted in *The Necessity of Artifice*, Academy Editions, London, 1982, pp 9-16.

　　Joseph Rykwert，"意义与建筑"，Zodiac 杂志，1957 年第 6 期；再版在《技巧的需求》，伦敦学院出版社，1982 年，P9-16。

Dalibor Vesely, "Architecture and the Conflict of Representation" in *AA Files*, No.8, January 1985, pp 21-38.

　　Dalibor Vesely，"建筑与表现形式的冲突"，AA 杂志，1985 年第 8 期，P21-38。

参考文献

Adorno, Theodor, "Functionalism Today", in Neil Leach, editor, *Rethinking Architecture*, Routledge, London, 1997, pp6-19.

Adorno, Theodor and Horkheimer, Max, *Dialectic of Enlightenment*, John Cumming, translator, Verso, London, 1979.

Alexander, Christopher, et al, *A Pattern Language: Towns, Buildings, Construction*, Oxford University Press, New York, 1977.

_____ *The Production of Houses*, Oxford University Press, New York, 1985.

Aristotle, "The Poetics", in *The Complete Works of Aristotle*, Jonathan Barnes, editor, Princeton University Press, Princeton, 1984.

Bachelard, Gaston, *The Psychoanalysis of Fire*, Alan C. M. Ross, translator, Beacon Press, Boston, 1964.

_____ *The Poetics of Space*, Maria Jolas, translator, Beacon Press, Boston, 1969.

Bacon, Francis, *Essays*, J. M. Dent, London, 1994.

_____ *Novum Organum*, Open Court, Chicago, 1994.

Banham, Reyner, *Theory and Design in the First Machine Age*, Architectural Press, London, 1960.

_____ *The New Brutalism: Ethic or Aesthetic?*, Architectural Press, London, 1966.

Barthes, Roland, *Elements of Semiology*, Annette Lavers and Colin Smith, translators, Hill and Wang, New York, 1968.

_____ *Mythologies*, Annette Lavers, translator, Harper Collins, London, 1973.

_____ *Image-Music-Text*, Stephen Heath, translator, Noonday Press, New York, 1988.

_____ "Semiology and the Urban", in Neil Leach, editor, *Rethinking Architecture*, Routledge, London, 1997, pp166-172.

Basalla, George, *The Evolution of Technology*, Cambridge University Press, Cambridge, 1988.

Baudrillard, Jean, *The Gulf War Did Not Take Place*, Paul Patton, translator, Power Institute, University of Sydney, 1995.

Beardsley, Monroe, *Aesthetics: From Classical Greece to the Present, A Short History*, Macmillan, New York, 1966.

Benjamin, Andrew, "Eisenman and the Housing of Tradition", in *Architectural Design*, 1-2/1989, reprinted in Neil Leach, editor, *Rethinking Architecture*, Routledge, London, 1997, pp286-301.

Benjamin, Walter, "The Work of Art in the Age of Mechanical Reproduction", in *Illuminations: Essays and Reflections*, Harry Zohn, translator, Schocken Books, New York, 1968.

Bergson, Henri, *Matter and Memory*, N. M. Paul and W. S. Palmer, translators, Zone Books, New York, 1988.

van Berkel, Ben, "A Day in the Life: Mobius House by UN Studio/van Berkel & Bos", *Building Design*, Issue 1385, 1999, p15.

Blonsky, Marshall, editor, *On Signs*, Johns Hopkins University Press, Baltimore, MD, 1985.

Broadbent, Geoffrey, "A Plain Man's Guide to the Theory of Signs in Architecture", in Architectural Design, No. 47, 7-8/1978, pp474-482, reprinted in Kate Nesbitt, editor, *Theorising a New Agenda for Architecture: An Anthology of Architectural Theory 1965-95*, Princeton Architectural Press, New York, 1996, pp124-140.

Brook, Peter, *The Empty Space*, Atheneum, New York, 1968.

Buchanan, Peter, "Nostalgic Utopia", *Architects Journal*, 4 September/1985, pp60-69.

Buckminster Fuller, R., *Nine Chains to the Moon*, Southern Illinois University Press, Carbondale, 1938.

Buck-Morss, Susan, *The Dialectics of Seeing: Walter Benjamin and the Arcades Project*, MIT Press, Cambridge, MA, 1989.

Caputo, John D., *Deconstruction in a Nutshell: A Conversation with Jacques Derrida*, Fordham University Press, New York, 1997.

Cassirer, Ernst, *An Essay on Man: An Introduction to a Philosophy of Human Culture*, Yale University Press, New Haven, 1944.

_____ *The Philosophy of the Enlightenment*, Princeton University Press, Princeton, 1951.

_____ *The Philosophy of Symbolic Forms*, 3 volumes, Ralph Manheim, translator, Yale University Press, New Haven, 1955-57.

de Certeau, Michel, *The Practice of Everyday Life*, Steven Rendall, translator, University of California Press, Berkeley, CA, 1984.

Colquhoun, Alan, *Essays in Architectural Criticism: Modern Architecture and Historical Change*, MIT Press, Cambridge, MA, 1981.

Conrads, Ulrich, editor, *Programmes and Manifestoes on 20th Century Architecture*, Lund Humphries, London, 1970.

Cook, Peter, editor, *Archigram*, Studio Vista, London, 1972.

Copernicus, Nikolaus, *On the Revolutions of Heavenly Spheres*, Charles G. Wallis, translator, Prometheus Books, Essex, 1996.

Debord, Guy, *Society of the Spectacle*, Black and Red, Detroit, 1983.

Derrida, Jacques, *Of Grammatology*, Gayatri C. Spivak, translator, Johns Hopkins University Press, Baltimore, 1976.

____ *Positions*, Alan Bass, translator, University of Chicago Press, Chicago, 1981.

____ "Point de Folie - maintenant de l'architecture", Kate Linker, translator, in AA Files, No. 12/Summer 1986, reprinted in Neil Leach, editor, *Rethinking Architecture*, Routledge, London, 1997, pp324-347.

____ *The Truth in Painting*, Geoff Bennington and Ian McLeod, translators, University of Chicago Press, Chicago, 1987.

Derrida, Jacques and Eisenman, Peter, *Chora L Works*, Jeffrey Kipnis and Thomas Leeser, editors, Monacelli Press, New York, 1986.

Descartes, René, *Discourse on Method and The Meditations*, F. E. Sutcliffe, translator, Penguin Books, London, 1968.

____ "The World" and "Treatise on Man", in, *The Philosophical Writings of Descartes*, Volume 1, John Cottingham et al, translators, Cambridge University Press, Cambridge, 1985.

Dewey, John, *Art as Experience*, Perigee Books, New York, 1980.

Dreyfus, Hubert L., *Being-in-the-World: A Commentary on Heidegger's Being and Time, Division I*, MIT Press, Cambridge, MA, 1991.

Eagleton, Terry, *Literary Theory: An Introduction*, University of Minnesota Press, Minneapolis, 1983.

Eisenman, Peter, "Post-Functionalism" in Oppositions, 6/Fall 1976, reprinted in K. Michael Hays, editor, *Architecture Theory Since 1968*, MIT Press, Cambridge, MA, 1998, pp236-239.

____ "The End of the Classical: The End of the Beginning, the End of the End", in *Perspecta*, 21, 1984, reprinted in Kate Nesbitt, editor, *Theorising a New Agenda for Architecture: An Anthology of Architectural Theory 1965-95*, Princeton Architectural Press, New York, 1996, pp212-227.

____ *House of Cards*, Oxford University Press, New York, 1987.

Eisenman, Peter, et al, *Five Architects: Eisenman, Graves, Gwathmey, Hejduk, Meier*, Oxford University Press, New York, 1975.

Michel Foucault, *The History of Sexuality, Volume I:An Introduction*, Robert Hurley, translator, Vintage Books, New York, 1990.

_____ *The Order of Things: An Archaeology of the Human Sciences*, Vintage Books, New York, 1994.

_____ *Discipline and Punish: The Birth of the Prison*, Alan Sheridan, translator, Vintage Books, New York, 1995.

_____ "Space, Knowledge and Power", interview with Paul Rabinow, reprinted in, Neil Leach, editor, *Rethinking Architecture*, Routledge, London, 1997, pp367-379.

Frampton, Kenneth, "Prospects for a Critical Regionalism", in *Perspecta*, 20/1983, reprinted in Kate Nesbitt, editor, *Theorising a New Agenda for Architecture: An Anthology of Architectural Theory 1965-1995*, Princeton Architectural Press, New York, 1996, pp470-482.

_____ "Intimations of Tactility: Excerpts from a Fragmentary Polemic" in Scott Marble et al., editors, *Architecture and Body*, Rizzoli, New York, 1988, unpaginated.

_____ "Rappel a l'Ordre: The Case for the Tectonic" in *Architectural Design*, 3-4/1990, reprinted in Kate Nesbitt, editor, *Theorising a New Agenda for Architecture: An Anthology of Architectural Theory 1965-1995*, Princeton Architectural Press, New York, 1996, pp518-528.

_____ *Modern Architecture: a Critical History*, Thames and Hudson, London, 1992.

Frascari, Marco, *Monsters of Architecture: Anthropomorphism in Architectural Theory*, Rowman and Littlefield, Savage, MD., 1991.

_____ "The Tell-the-Tale Detail", *VIA*, No7, 1984. Reprinted in Kate Nesbitt, editor, *Theorising a New Agenda for Architecture: An Anthology of Architectural Theory 1965-1995*, Princeton Architectural Press, New York, 1996.

Gadamer, Hans-Georg *Philosophical Hermeneutics*, David E. Linge, translator, University of California Press, Berkeley, CA, 1976.

_____ *The Relevance of the Beautiful and Other Essays*, Robert Bernasconi, editor, Cambridge University Press, Cambridge, 1986.

_____ *Truth and Method*, Joel Weinsheimerand Donald G. Marshall, translators, Sheed & Ward, London, 1989.

Gandelsonas, Mario, "Linguistics in Architecture", in *Casabella*, No. 374, 2/1973, reprinted in K. Michael Hays, editor, *Architecture Theory Since 1968*, MIT Press, Cambridge, MA, 1998, pp114-122.

Gelernter, Mark, *Sources of Architectural Form: A Critical History of Western Design Theory*, Manchester University Press, Manchester, 1995.

Gramsci, Antonio, *Selections from the Prison Notebooks*, Hoare and Nowell-Smith, translators, Lawrence and Wishart, London, 1971.

Graves, Michael, "A Case for Figurative Architecture", in Wheeler, Arnell and Bickford, editors, *Michael Graves: Buildings and Projects 1966-81*, Rizzoli, New York, 1982, pp11-13. Reprinted in Kate Nesbitt, editor, *Theorising a New Agenda for Architecture: An Anthology of Architectural Theory 1965-95*, Princeton Architectural Press, New York, 1996, pp86-90.

Gregotti, Vittorio, *Inside Architecture*, Wong and Zaccheo, translators, MIT Press, Cambridge, MA, 1996.

Hamilton, Paul, *Historicism*, Routledge, London, 1996.

Hawkes, David, *Ideology*, Routledge, London, 1996.

Hays, K. Michael, "From Structure to Site to Text: Eisenman's Trajectory", in *Thinking the Present: Recent American Architecture*, Hays and Burns, editors, Princeton Architectural Press, New York, 1990, pp61-71.

_____ editor, *Architecture Theory Since 1968*, MIT Press, Cambridge, MA, 1998.

Hegel, Georg Wilhelm Friedrich, *The Philosophy of History*, J. Sibree, translator, Dover, New York, 1956.

_____ *Phenomenology of Spirit*, A. V. Miller, translator, Oxford University Press, Oxford, 1977.

_____ *Introductory Lectures on Aesthetics*, Bernard Bosanquet, translator, Penguin Books, London, 1993.

Heidegger, Martin, *Being and Time*, John Macquarrie and Edward Robinson, translators, Harper & Row, New York, 1962.

_____ "Building, Dwelling, Thinking" in *Poetry, Language, Thought*, Albert Hofstadter, translator, Harper and Row, New York, 1971, reprinted in Neil Leach, editor, *Rethinking Architecture*, Routledge, London, 1997, pp100-109.

_____ "The Origin of the Work of Art", in *Poetry, Language, Thought*, Albert Hofstadter, translator, Harper and Row, New York, 1971.

_____ "...Poetically Man Dwells...", in *Poetry, Language, Thought*, Albert Hofstadter, translator, Harper & Row, New York, 1971. Reprinted in Neil Leach, editor, *Rethinking Architecture*, Routledge, London, 1997.

Hertzberger, Herman, "Building Order" in *VIA*, No7, Philadelphia, 1984.

_____ *Lessons for Students in Architecture*, Ina Rike, translator, Uitgeverij 010, Rotterdam, 1991.

Hertzberger, Herman, et al, *Aldo van Eyck*, Stichting Wonen, Amsterdam, 1982.

Hofstadter, Albert and Kuhns, Richard, editors, *Philosophies of Art and Beauty: Selected Readings in Aesthetics From Plato to Heidegger*, University of Chicago Press, Chicago, 1964.

Holl, Steven, *Intertwining*, Princeton Architectural Press, New York, 1996.

Husserl, Edmund, *The Crisis of European Sciences and Transcendental Phenomenology*, David Carr, translator, Northwestern University Press, Evanston, Illinois, 1970.

Jameson, Fredric, "Architecture and the Critique of Ideology" in Joan Ockman, editor, *Architecture, Criticism, Ideology*, Princeton Architectural Press, New York, 1985, reprinted in, K. Michael Hays, editor, *Architecture Theory Since 1968*, MIT Press, Cambridge, MA, 1998, pp442-461.

_____ *The Political Unconscious: Narrative as a Socially Symbolic Act*, Routledge, London, 1989.

_____ *Postmodernism, or, The Cultural Logic of Late-Capitalism*, Verso, London, 1991.

_____ "Is Space Political" in Cynthia Davidson, editor, *Anyplace*, MIT Press, Cambridge, MA, reprinted in, Neil Leach, editor, *Rethinking Architecture*, Routledge, London, 1997, p259.

Jencks, Charles, *The Language of Post-Modern Architecture*, Academy Editions, London, 1978.

Jencks, Charles, and Baird, George, editors, *Meaning in Architecture*, George Braziller, New York, 1969.

Jencks, Charles and Kropf, Karl, editors, *Theories and Manifestoes of Contemporary Architecture*, Academy Editions, London, 1997.

Kant, Immanuel, *Critique of Judgement*, J. H. Bernard, translator, Hafner Press, New York, 1951.

Kearney, Richard, *Modern Movements in European Philosophy*, Manchester University Press, Manchester, 1986.

Kenny, Anthony, *Descartes: A Study of his Philosophy*, Thoemmes Press, Bristol, 1997.

Kockelmans, Joseph K., *Phenomenology: The Philosophy of Edmund Husserl and its Interpretation*, Anchor Books, New York, 1967.

Kroll, Lucien, "Architecture and Bureaucracy", in Byron Mikellides, editor, *Architecture for People: Explorations in a New Humane Environment*, Studio Vista, London, 1980, pp162-163.

Kruft, Hanno-Walter, *A History of Architectural Theory: From Vitruvius to the Present*, Princeton Architectural Press, New York, 1994.

Kuhn, Thomas, *The Structure of Scientific Revolutions*, University of Chicago Press, Chicago, 1970.

Leach, Neil, editor, *Rethinking Architecture: A Reader in Cultural Theory*, Routledge, London, 1997.

Lechte, John, *Fifty Key Contemporary Thinkers: From Structuralism to Postmodernity*, Routledge, London, 1994.

Le Corbusier, *Towards a New Architecture*, Frederick Etchells, translator, Architectural Press, London, 1946.

Lefebvre, Henri, *The Production of Space*, D. Nicholson-Smith, translator, Blackwell, Oxford, 1991.

Levi-Strauss, Claude, *Structural Anthropology*, Basic Books, New York, 1963.

____ *The Elementary Structures of Kinship*, Rodney Needham and James H. Bell, translators, Beacon Press, Boston, 1971.

____ *Tristes Tropiques*, John and Doreen Weightman, translators, Penguin Books, New York, 1992.

Loos, Adolf, *Spoken Into the Void: Collected Essays 1897-1900*, Jane O. Newman and John H. Smith, translators, MIT Press, Cambridge, MA, 1982.

Lukács, Georg, *History and Class Consciousness: Studies in Marxist Dialectics*, Rodney Livingstone, translator, Merlin Press, London, 1971.

Lynch, Kevin, *The Image of the City*, MIT Press, Cambridge, MA, 1960.

Lyotard, Jean-Francois, *The Postmodern Condition: A Report on Knowledge*, Geoff Bennington and Brian Massumi, translators, University of Minnesota Press, Minneapolis, 1984.

____ *The Postmodern Explained: Correspondence, 1982-1985*, Don Barry et al., translators, University of Minnesota Press, Minneapolis, 1993.

Marcuse, Herbert, *The Aesthetic Dimension: Toward a Critique of Marxist Aesthetics*, Beacon Press, Boston, 1978.

____ *Eros and Civilisation: A Philosophical Inquiry into Freud*, Routledge, London, 1987.

____ *One-Dimensional Man: Studies in the Ideology of Advanced Industrial Society*, Beacon Press, Boston, 1991.

Marx, Karl and Engels, Friedrich, *The Marx-Engels Reader*, Robert C. Tucker, editor, Norton, New York, 1978.

Karl Marx and Frederick Engels, *The Communist Manifesto*, Eric Hobsbawm, editor, Verso, London, 1998.

McDonough, William, "Design Ecology, Ethics and the Making of Things" and "Hannover Principles", in Kate Nesbitt, editor, *Theorising a New Agenda for Architecture: An Anthology of Architectural Theory 1965-95*, Princeton Architectural Press, New York, 1996, pp400-410.

McLellan, David, *Karl Marx*, Penguin Books, New York, 1975.

McLeod, Mary, "Architecture and Politics in the Reagan Era: From Postmodernism to Deconstructivism", *Assemblage*, 8, February 1989, reprinted in, K. Michael Hays, editor, *Architecture Theory Since 1968*, MIT Press, Cambridge, MA, 1998, pp696-697.

Merleau-Ponty, Maurice, *Phenomenology of Perception*, Colin Smith, translator, Routledge, London, 1962.

____ "Eye and Mind", in, *The Primacy of Perception*, James M. Edie, editor, Northwestern University Press, Evanston, Illinois, 1964.

____ "The Intertwining-The Chiasm" in *The Visible and the Invisible*, Alphonso Lingis, translator, Northwestern University Press, Evanston, IL., 1968.

Mugerauer, Robert, *Interpreting Environments: Tradition, Deconstruction, Hermeneutics*, University of Texas Press, Austin, TX, 1995.

____ "Derrida and Beyond" in Kate Nesbitt, editor, *Theorising a New Agenda for Architecture: An Anthology of Architectural Theory 1965-1995*, Princeton Architectural Press, New York, 1996.

Mumford, Lewis, *Technics and Civilisation*, Harcourt, Brace, Jovanovich, New York, 1963.

Nesbitt, Kate, editor, *Theorising a New Agenda for Architecture: An Anthology of Architectural Theory 1965-1995*, Princeton Architectural Press, New York, 1996.

Nietzsche, Friedrich, *The Birth of Tragedy*, Shaun Whiteside, translator, Penguin Books, London, 1993.

Norberg-Schulz, Christian, *Meaning in Western Architecture*, Studio Vista, London, 1975.

____ *Genius Loci: Towards a Phenomenology of Architecture*, Rizzoli, New York, 1980.

____ *Architecture: Meaning and Place, Selected Essays,* Rizzoli, New York, 1988.

____ "The Phenomenon of Place" in Kate Nesbitt, editor, *Theorising a New Agenda for Architecture: An Anthology of Architectural Theory 1965-1995*, Princeton Architectural Press, New York, 1996, pp414-428.

Norris, Christopher, *Deconstruction: Theory and Practice*, Routledge, London, 1991.

Ockman, Joan, editor, *Architecture Culture 1943-1968: A Documentary Anthology*, Rizzoli, New York, 1993.

Pawley, Martin, "Technology Transfer", *Architectural Review*, 9/1987, pp31-39.

____ *Buckminster Fuller*, Trefoil Publications, London, 1990.

Perez-Gomez, Alberto, *Architecture and the Crisis of Modern Science*, MIT Press, Cambridge, MA, 1983.

____ "The Renovation of the Body" in *AA Files*, No. 13/Autumn 1986, pp26-29.

Perrault, Claude, *Ordonnance for the Five Kinds of Columns After the Method of the Ancients*, Indra Kagis McEwan, translator, Getty Center Publications, Santa Monica, 1993.

Plato, *The Republic*, I. A. Richards, translator, Cambridge University Press, Cambridge, 1966.

____ *The Collected Dialogues*, Edith Hamilton and Huntington Cairns, editors, Bollingen, Princeton, 1989.

Plotinus, *Enneads*, Stephen MacKenna, translator, Penguin Books, London, 1991.

Postman, Neil, *Technopoly: The Surrender of Culture to Technology*, Vintage Books, New York, 1993.

Rajchman, John, *Constructions*, MIT Press, Cambridge, MA, 1998.

Ricoeur, Paul, *Hermeneutics and the Human Sciences*, John B. Thompson, translator, Cambridge University Press, Cambridge, 1981.

Rogers, Richard, *Architecture: A Modern View*, Thames and Hudson, London, 1990,

Rossi, Aldo, *The Architecture of the City*, Diane Ghirardo and Joan Ockman, translators, Oppositions Books, MIT Press, Cambridge, MA, 1982.

Rowe, Colin, and Koetter, Fred, *Collage City*, MIT Press, 1978.

Rykwert, Joseph, "Meaning and Building" in *Zodiac* 6, 1957, reprinted in *The Necessity of Artifice*, Academy Editions, London, 1982, pp9-16.

____ *The Dancing Column, : On Order in Architecture*, MIT Press, Cambridge, 1996.

de Saussure, Ferdinand, *Course in General Linguistics*, Wade Baskin, translator, McGraw-Hill, New York, 1966.

Singer, Peter, *Hegel*, Oxford University Press, Oxford, 1983.

Smithson, Alison, editor, *Team 10 Primer*, MIT Press, Cambridge, MA, 1968.

Smithson, Alison and Peter, *Without Rhetoric: An Architectural Aesthetic 1955-72*, Latimer New Dimensions, London, 1973.

Snow, C. P., *The Two Cultures and the Scientific Revolution*, Cambridge University Press, Cambridge, 1961.

de Sola-Morales, Ignasi, *Differences: Topographies of Contemporary Architecture*, Graham Thompson, translator, MIT Press, Cambridge, MA, 1997.

Steiner, George, *Martin Heidegger*, University of Chicago Press, Chicago, 1991.

Tafuri, Manfredo, "Toward a Critique of Architectural Ideology", *Contropiano* I, January-April 1969, reprinted in, K. Michael Hays, editor, *Architecture Theory Since 1968*,

MIT Press, Cambridge, MA, 1998.

_____ *Architecture and Utopia: Design and Capitalist Development*, Barbara Luigia La Penta, translator, MIT Press, Cambridge, MA, 1976.

Tschumi, Bernard, *Architecture and Disjunction*, MIT Press, Cambridge, MA, 1994.

Turner, John F. C., *Housing By People*, Marion Boyars, London, 1976.

Utzon, Jorn, "Platforms and Plateaus", in, *Zodiac*, No. 10, Milan, 1962.

Vattimo, Gianni, *Beyond Interpretation: The Meaning of Hermeneutics for Philosophy*, David Webb, translator, Polity Press, London, 1997.

Venturi, Robert, *Complexity and Contradiction in Architecture*, Architectural Press, London, 1977.

Venturi, Robert et al., *Learning From Las Vegas*, MIT Press, Cambridge, 1997.

Vesalius, Andreas, *The Illustrations from the Works of Andreas Vesalius of Brussels*, Dover Publications, New York, 1973.

Vesely, Dalibor, "Architecture and the Conflict of Representation" in *AA Files*, No. 8, January 1985, pp21-38.

Vico, Giambattista, *The New Science of Giambattista Vico*, Thomas G. Bergin and Max H. Fisch, translators, Cornell University Press, Ithaca, 1984.

Viollet-le-Duc, E. E., *Lectures on Architecture*, 2 volumes, Benjamin Bucknall, translator, Dover, New York, 1987.

The Foundations of Architecture, Barry Bergdoll & Kenneth D. Whitehead, translators, George Braziller, New York, 1990.

Vitruvius, *On Architecture*, Frank Granger, translator, Harvard University Press, Cambridge, 1983.

Weber, Max, *The Protestant Ethic and the Spirit of Capitalism*, Talcott Parsons, translator, Routledge, London, 1992.

Wigley, Mark, *The Architecture of Deconstruction: Derrida's Haunt*, MIT Press, Cambridge, 1993.

Wittkower, Rudolf, *Architectural Principles in the Age of Humanism*, Academy Editions, London, 1998.

Wotton, Henry, *The Elements of Architecture*, Charlottesville, Virginia, 1968.

Wright, Frank Lloyd, *Writings and Buildings*, Edgar Kaufmann and Ben Raeburn, editors, New American Library, New York, 1974.

Zumthor, Peter, *Thinking Architecture*, Maureen Oberli-Turner, translator, Lars Muller Publishers, Baden, 1998.